Georg Meyer

Bergwercks Geschöpff, und wunderbare Eigenschafft der Metalsfrüchte

Darinnen gründlicher Bericht der Gebirge, Gestein, Genge und derselben angehengenden Safften, Krefften und Wirchkung, als und Gold, Silber, Kupffer und andern Mineralien.

Georg Meyer

Bergwercks Geschöpff, und wunderbare Eigenschafft der Metalsfrüchte
Darinnen gründlicher Bericht der Gebirge, Gestein, Genge und derselben angehengenden Safften, Kreffen und Wirchkung, als und Gold, Silber, Kupffer und andern Mineralien.

ISBN/EAN: 9783743629219

Hergestellt in Europa, USA, Kanada, Australien, Japan

Cover: Foto ©berggeist007 / pixelio.de

Weitere Bücher finden Sie auf **www.hansebooks.com**

Rathsams Bedencken vnd Erklerung/

Auff etlicher rahten

vnnd angeben / das die
Müntz Herrn geringere Müntzen
ollen schlagen lassen: Vnd das die geringen
ösen Müntzen gleichmessig den guten auß-
egeben vnd eingenommen / Auch das die gemeinen Kauff Silber so gar hoch gesteigert
erden / vnd was durch der frembde Müntz-
Meister Handelung diesen Landen für
vnaußbleiblicher Schaden vnnd
eusserste Verderb zuge-
füget wird.

Gestelt durch

Modestin Fachsen / etc.

A Bericht

Bericht vnd erklerung auff etlicher rahten/ das die Müntzherrn geringere Müntzen sollen machen/ vnd dieselbige gleichmessig den guten Müntzen ausgeben sollen/ was es für schaden vnd verderb diesem Lande würde zu fügen.

DEs ist vom heiligen Römischen Reich vnnd andern Obrigkeiten der geringschetzigen vnd zum theil nichtigen vnnd gar verbotenen Müntzen/ welcher gestalt/ vnd wie hoch man die feine M. Silber vermüntzen/ vnd die Müntzen ausgeben vnd einnehmen solle/ in Müntz ordnung vnd des Reichs abschieden/ vnd vberflüssiger Anschlege vnd warnungen gnugsam zu gemüth gefürht vnd an tag gegeben worden.

So ist doch vnuerborgen/ das solche wolmeinliche Warnungen wenig angewendet/ Dann etliche nichts desto weniger aus der feine Marck Silber müntzen/ wieviel sie wollen/ vnd geben die geringen valuierten Müntzen/ als gantze/ halbe/ vnd viertel taler/ vnnd sonderlich die gar geringen/ vnnd zum theil gar nichtigen Groschen gleichmessig den guten gantzen Reichs vnnd andern Fürsten Groschen aus/ sind da vnd verachten noch wol die Anschlege vnd Warnungen/ geben für/ das sie die Herrn loben/ das sie jhrer Berckwerge hoch geniessen/ vnd geben das ein Gleichnis/ das ein jeglich Land darauff achtung geben solle/ was jhnen GOtt bescheret vnd gibt/ das es solchs tewer verkauffen vnd wol anwerden möge.

Nu ists wol ein nützlich ding einem Lande/ das die Einwoner jre Wahre/ als Korn/ Gerste/ Bier/ Wein/ Leder/ Tuch/ Wolle/ vnd dergleichen (damit sie frey stehen) verkauffen mögen/ wenn vnd wie tewer sie wollen/ Aber mit den Silbern (beyde kauff vnd Berg Silber) stehen sie nicht frey. Sind durch Ordnung der Rähte verbunden/ das sie die der Obrigkeit verkauffen müssen/ in einem billichen vnd gleichmessigen Kauff-

Als erstlich die Berg Silber/die müssen sie (von wegen das der Berg orden/Müntzherren/viel Amptleut zum Bergwerck haben/vnd darumb halten muß) vmb einen geringen kauff geben/als vngefehrlich die feine M. vmb 8. Thaler/das ist 9. fl 3 K. oder noch etwas wolfeiler/damit der Müntzer gute Müntze machen/seine Amptleute besolden/vnd einen billichen gleichwessigen Gewin auch dabey haben könne. Aber wie deine/so wilstu andern Müntzmeistern zu Hoff den grawen Rock verdienen/leuffest für die Herrn/vnd redest/das sie geringere Müntze als zuvorn/machen lassen/vnd die M. höher ausbringen/vnnd gibst bereit an den nutz des Herrn/vnnd nicht der Einwohner der Lande/Ja es reichet den Gewercken/die das Silber mit grossen Vnkosten erbawen/zu mercklichem Schaden: Dann du wilst die Müntzen geringer machen/vnd wilt derselben geringen Müntzen/den Gewercken für fein Silber nach anzahl des Gülden/nicht mehr alsdenn vorhin/der guten Müntze geben/Damit bringen die Müntzherrn jhre Silber höher aus/vnd keuffen den Gewercken

cken wolfeiler abe/ denn zuuor/ vnd ist also der nutz/ wann die Silber gesteigert vnnd hoch vermünzt werden/ nicht des gemeinen Landes/ sondern ein eigner Nutz der Müntzherrn. Darumb were gut/ das die Leute den Obrigkeiten rahten/ geringe Müntze zu schlagen/ auff das sie desto mehrer Nutzes in die Kammer bekommen/ bedechten/ was nachtheil vnd schadens den Vnterthanen vnd Lande dauon entstehet/ Wie auch GOtt der Allmechtige solch eigennützig Fürnehmen pfleget zu straffen/ mit entziehung seiner gabe/ vnnd von solchen jhren schedtlichen Rähten abstunden.

Du gibst aber für/ es sol nicht zu vermuthen sein/ das die Herrn jhren eignen nutz vnd vortheil mit den geringen Müntzen suchten/ so mustu doch selbst bekennen/ wo es vmb der Müntzherrn Nutz willen gemeine vnnd fürgenommen würde (als du nicht woltest hoffen) das die straffe Gottes neben den erblichen schaden höchlich zu fürchten.

Es ist noch für wenig wochen durch einen seichten Müntzuerstendigen ein Rathschlag gefast/ vnd einem Müntzherrn fürge-

 tragen/

tragen/ darin etliche tausend Gülden Mün-
tzungen angeben worden/ die in etlichen Jaren zu seinem nutz erübrigt werden solten/ wo
er die Müntze geringer machen liesse.

Es ist auch der müntzherr sehr dazu bewegt
worden/ aber endlich von mehr Verstendigen
des daraus entstehenden eigenen nutzes und
schadens/ bericht und abgelanget worden.

Was nu aus solchem eigenen nutze/ dem
gemeinen nutze vortrefflicher schade erfolgen
würde/ wil ich zum theil berichten.

Es sind wol hunder tausend Gülden wider keuffliche Heuptsummen im Lande / die
den mehrern theil mit guter Müntz erkauffte/
unnd also abzulösen unnd zuvorzinsen / ver-
schrieben sind: Solte nun die geringe Müntze einwachsen/ so würde ein mercklicher
zanck entstehen/ daraus unfriede unnd auff-
ruhr erwachsen/ denn der zwey eins müste er-
folgen/ als viel die Müntzherren die Müntz
geringer machten/ also viel müste der schul-
dener an der Heuptsumma unnd den Zinsen
nachgeben/ auff das sein gleubiger also viel
im werth des Silbers bekeme/ an der new-
en Müntze/ als er ausgeliehen in der guten
Müntze/

Münze/oder aber der Zinßherr müste souiel abgangs entrahten/ welchs weder glaubiger noch schuldiger dulden wolte/ vnd würde also der zanck/ muthwille vnd auffruhr erwecket/ nach dem der schade nicht kleine ist/ dieweil die gute geliehene Münze gemeiniglich vmb 10. fl 4. gr 4. ₰ ausgebracht wird.

So nu deinem angeben nach/ vnd die jetzigen angeschlagenen taxierten geringẽ Taler solten für voll genommen/ vnd noch mehr darzu gemüntzt werden/ welcher aus einer feinen M. Silber vber 10½. fl gemüntzt wird/ So wolte folgen/ das allweg an 10. fl 4. gr 4. ₰ mehr denn 6. gr verloren würden/ also wenn einer 3000. fl ausgeliehen hette/ der guten Thaler/ vnd solte nu mit der newen bösen Münze bezalt werden/ so müste jm der Schuldiger 3090. fl wider geben/ vnd also erfüllen/ was die ausgeliehenen guten Thaler besser gewest/ oder aber der Zins Herr müste souiel abgangs leiden/ wo jhme nach anzahl der Thaler nicht mehr denn 3000. fl bezahlet werden solten. Vnd das noch mehr ist/ fast jetziger zeit der brauch bey vielen/ vnnd sonderlich bey denen/ die jhre

 par-

partierung mit den Müntzmeistern/ mit verkauffung der granalien haben/ das wenn sie einem eine Hauptsumma sollen erlegen/ so wenden sie für/ sie haben kein ander Geld/ als Spitzgröschlein/ oder der andern bösen angeschlagenen verbotenen Groschen/ so sie hinfürder alle Braunschweigische Groschen heissen/ vnnd wolle er dieselben haben vnd für voll nemen/ so wolle er jhn zahlen/ sonst wüste er jm auff dißmal nicht anders zu thun. Bedarff einer nu das Geld nötig/ vnd nimmet die bösen Groschen gleichmessig den guten an/ vnnd er hat jhm zuvorn gute Thaler geliehen/ so mus er an 10. fl 4 gl 4. ₰/ verlieren 2. fl 12. gl/ das thut auff 3000. fl verlust 756. fl 15. gl/ Solche vbermas hetten die Müntzherren inn jhrer Kammer eröbert/ Die Vnterthanen aber im Lande müsten den schaden tragen/ vnnd gleichwol alle ding von wegen der geringern Müntze tewerer kauffen/ Der Edelman müste von seinen Vasallen die Erbzinsen mit der geringen Müntze bezahlt nehmen/ Nach dem der Bawer dieselben Zinsen nicht wolt steigern lassen/ vnd schlegt einen Gülden für

einen

einen Gülden an/ einen Groschen für einen Groschen/ damit verlöre der Edelman im groben Gelde nach Achtung des Silbers/ 10. fl 6. gr 2. d Ja in kleinem Gelde viel mehrer/ vnnd müst gleichwol alle ding von wegen der geringen Müntze tewrer keuffen/ Desgleichen wolt es auch zugehen/ mit den widerkeufflichen Zinsen / wie obstehet. Die löblichen Fürsten von Sachsen haben für 6. Jahren den Gewercken eine Marck Silber vmb 6. alte schock/ das ist 5. fl 15. gr abgekaufft/ vnd darnach aus erheblichen Vrsachen (welche du wol weist/ vnd jetzt zu erzehlen nicht nötig) jhrer Fürst. Gn. Müntze geringer machen/ vnd die Gülden Groschen/ vnd die Zinß Groschen müntzen lassen / da haben jhre Fürst. Gn. noch 2. alte schock auff die M. Silber gesetzt/ auff das die Gewercke am Halt der Müntze gleich souiel bekommen/ vnd nicht weniger denn vorhin/ denn die 6. alt schock waren am Silber so reich/ als die 8. der newen Müntz. Welchs die Hochlöblichen Fürsten alles darumb gethan/ das sie die Gewercken auff den Berckwergen erhalten möchten.

 Die

Du aber wilt rahten / das die Silber höher gesteigert vnnd geringere Müntze geschlagen / vnd doch die Gewercken am abe auffe des silbers nichts zugelegt / sondern stracks inn deines Herren Kammer bringen / damit du dir gunst damit machest.

Wenn nu der Gewerck mercken würde / den nachtheiligen abgang / vnnd das der eigen nutz der Müntz Herrn hierin gesucht / so würde er vom Bergwercke lassen / vnnd nicht so sehr bawen / alsdann würden die Herrn allererst fülen / was du jhnen gerahten hettest / Desgleichen die Vnterthanen am Brot vnd anderer wahre weniger keuffen / wie fürder angezeigt werden sol.

Du giebst auch für / dieweil viel Müntz Herrn sein / die geringe Müntze machen / vnd andere die gute machen lassen / man sols vnuorwarckt lassen bleiben / vnd nicht lassen anschlagen / denn ein Herr gegen dem andern / so ein geringen genieß nicht achtet / vnd man bringe nur dadurch / das die Herrn zusammen gehetzt / vnd vneinigkeit vnnd auffruhr dardurch erweckt werden.

Nun hat ein jeglicher Verstendiger vnd

 vnparteivnpartheischer zu erwegen/ welcher zum auff-ruhr vnd Widerwertigkeit nicht vrsach gebe/ der so getrewlich anzeigt vnnd warnet/ was nachtheil den Herrn vnd Vnterthanen daraus entstehet/ wann eine geringere Müntze geschlagen/ vnd den Gewercken jhre Silber in gleichem werth nicht bezahlt würden/ Aber du/ der du dich befleissigest/ vnd rähtest das man den Gewercken für jhre Silber eines mercklichen weniger der geringen Müntzen halben/ denn zuuor geben soll/ du wilt jnen vmb eigenes nutzes willen an diesem abziehen/ was jhnen Gott gegeben hat/ da doch deine Herrn niemals daran gedacht/ sondern du vnnd deine Geselschafft dich solches ins Werck zu setzen/ beflissen.

Dieweil du denn nicht vermagst zuuerantworten noch zuuerneinen/ das dadurch die Bergwerge in ein vnwiderbringlichen Fall kommen würden/ so mustu auch bekennen/ das der Handel vnd Gewerb der Lande/ vnd folgends die Menge vnnd vielheit der Leute fallen würde.

Fellet nun der Handel vnd menge der Leute/ so wird auch dem Herrn an der folge vnd andern

andern nicht ein geringen Trost abgehen.

Es wird der Adel sampt den Bawren auffm Lande sein Viehe / Gense / Hüner / Ente / Kälber / Schöpsse / Ochsen / Schweine / Korn / Gerste / Habern / Wollen / Butter / Kähse / vnnd alles / was er von seinem Gute zu Gelde machen sol / wie bißher / da die Lande voller Leute gewest / nicht verkeuffen mögen.

Der Handwercksman in Stedten würde sein Werck / Tuch / Leinwat / Schuch / Seiffen / Huffeysen / vnd anders nichts so wol anwerden / Schneider / Becker / Brewer / Meltzer / vnd wie die Handwerge nahmen haben / nicht souiel Arbeit vnd vortrieb haben / denn so werden die Güter auff dem Lande inn ein abfall kommen / dieweil die Früchte so hoch vnd gewiß nicht mehr mögen ausgebracht werden / die Handwerck / Einwohner der Stedte / werden inn abfall kommen vnd fallen / wie an etlichen Orthen (dauon dann fürder sol gedacht werden) geschehen ist.

Du gibst auch etwan für / was die Vrsach

sach/ das die Güter in diesem Lande gestiegen/ vnd teweter worden/ Nemlich/ das kein Geld im Lande ist/ so doch das Widerspiel gewis erfolgen müste/ wenn kein Geld im Lande were/ das die Güter wolfeil sein müsten/ dann wer kein Geld hat/ der keuffe selten tewer/ vnd wann kein Geld im Lande were/ so müste auch niemand nach Gütern trachten.

Ferner sagstu/ das auch die Müntzen steigen an denen Orten/ da keine hohe Müntze ist/ als in Francken vnd Schwaben: Du must aber bekennen/ das oben in Schwaben/ Bayren/ vnd Francken nicht geringere nahrunge/ auch Handels vnnd Gewercks sey/ als in Sachsener vnnd Meißner Lande/ So ist doch in der Marck zu Franckfurt an der Oder/ der Fisch halben/ zimlicher Handel/ wiewol grosse steigerung der Güter daselbst nicht viel erfahren. Man sehe aber die Orter an/ die deiner meinung nach/ beyde die gute Müntze der Handel vertrieben/ als Prage/ vnd Regenspurg/ so wird man wol finden/ die der Orter die Land Güter gestiegen sind.

Die

Die steigerung des Goldes vnd der Thaler kömpt auch aus keiner andern Vrsach her/ denn von der bösen geringen Müntze/ Je vnwirdiger die am schrot vnd Korn ist/ je mehr man dafür für ein Goldgülden oder Thaler geben muß. Bey dem guten Gelde aber kömpt der Goldgülden vnnd Thaler nicht in solche steigerung/ vnd befindest selten/ das man für ein Goldgülden 26 ¼. ß vnnd für ein guten Thaler 24. ß gibt/ sondern man wil hinfur ein Goldgülden vnter 27 ½ ß vnnd ein Thaler vmb 24. ß 6. ₰ nicht gerne geben/ Sind auch wol gegen der bösen heillosen Müntzen viel mehr wirdig. Vnd sein die Leute derhalben nit zuverdencken/ wenn man jnen derselben geringen Müntzen/ als Spitzgröschlein/ böse Groschen/ der bösen verbotenen Thaler/ für vol darfür geben wil/ das sie jhr Geld vnd Taler dagegen höher halten. Im Fall aber das jhnen gut Geld dafür gegeben wird/ sollen sie auch den Goldgülden vnnd Thaler nicht höher/ als wie sie gesetzt/ ausgeben vnnd annehmen.

Ich kan alhier billich des Durchlauchtigsten/ Hochgebornen Fürsten vnd Herrn/ Herrn Augusti / Hertzogen zu Sachsen / Churfürsten/meins gnedigsten Herrn/ weit löblichen vnnd noch nie erfahrnen feinen Müntzordnung/ darnach sich billich müntzende halten vnnd richten solten/ rhümlich zu gedencken/ nicht vmbgehen/ Das dieselbigen jhre Churfürst. G. diese bescheidenheit inn jhren Müntzen (vnter andern) halten lassen/ das derselben gantzen Thaler einer eben souiel Silber in sich hat/ als 24. gantze Groschen/ oder 24. Groschen Dreyer/ vnnd andere Müntzen / die jhre Churfürst. Gn. müntzen lassen. Also wil dir einer jhrer Churfürst. Gn. Thaler einen abwechseln/ vnd gibt dir jhre Churfürst. gr. Dreyer 24. gr dafür/so bekömstu eben souiel in den 24. gr Dreyer Silber / als du weg giebst in einem Thaler/ welches gar ein feiner billicher Wechsel/ vnd zu loben ist.

Solches melde ich darumb / das keiner nicht zuuerdencken/das er der geringen müntze mehr für ein Goldgülden oder Thaler begert/ als der guten Müntze.

Sol

Sol vnd wil man nun Gold / Geld vnd alle Wahren / wie die mögen genend werden / wolfeil haben / vnnd behalten / so mus es durch kein ander Mittel geschehen / denn das man den Silber kauff nicht steigere / vnd gute Müntze müntzen lassen / denn der kauffman sihet nicht an / wieuiel oder wenig der Müntze ist / darumb er seine Wahre verkeuffet / sondern darauff giebt er achtung / wieuiel Silbers in der Müntze steckt / vnd macht seine Rechnung nach dem werth des Silbers / ist die Müntze gut / so nimpt er jhr desto weniger für die Wahre / steckt aber in der müntze wenig Silber / so mus man jm derer desto mehrer geben / damit er den Werth des Silbers bekomme.

Es ist auch wol an dem / das etliche waren / als sonderlich Würtze / bey dem guten Gelde steigen kan. Es ist aber solches des Geldes Schuld nicht / sondern das offt die Schiff mit den Würtzen nicht ankommen / oder das sie auch derer Orter tewrer angeschlagen werden.

Es hilfft auch der vberflüssige Pracht dieser Land sehr zur tewrung / denn es ist des

einürens vnd vertreibens von Sammat vnnd Seiden/ Borten vnd ander Schmuckleppi-ichen dingen weder end noch maß/ dadurch enn das Geld aus dem Lande geführt/ Aber olche vnnützliche ding an die stat eingefü-et/ welches niemand die schuld iß als vnser igen.

Das aber die Handwercks Wahren/ ls Schuh/ Stiffeln/ Schneider Arbeit äglich steigen/ ist die Vrsach/ das es jetz lles subtiler/ den vnserer Vorfahren arbeit/ vnnd bey mehrer zeit wil gemacht sein. Du nust aber bekennen/ dieweil die ding bey der uten Müntze gestiegen/ wieuiel mehr sie stei-en/ vnnd tewer würden/ wann du eine ge-ingere Müntze machen liest.

Da würde allererst Brod/ Bier/ Kehse/ Butter/ Eyer/ Milch/ Fleisch/ Wollen/ Leingewand/ Leder/ Schuh/ Stiffeln/ Huffeysen/ vnd alles viel mehr gelten/ vnnd tewer denn zuuor/ müssen bezahlt werden.

Die jenigen aber/ so zuuor jhre Wah-e nach dem Gewichte/ maß vnd Ellen ver-auft hetten/ würden als denn das alte Ge-wichte vnnd maß nicht geben wollen/ oder müſſeſt jhnen der böſen Müntze deſto mehr dafür bezahlen. Da wir auch Wahre an andern orten wolten kauffen/ vnnd die letzte im andern Landen bezahlen/ durch wandern vnd zehren/ ſo würde vns vnſer geringe Müntze nicht gelten/ müſten daran verlieren/ vnd ſchaden leiden/ Wenn du ſiheſt/ das die Märckiſchen Kauffleut allewege an jhrer Müntze trefflich verlieren müſſen/ wann ſie in vnſere Lande zu Marckte ziehen müſſen/ vnnd jhre Gewerb notturfft kauffen wollen/ Sie müſſen jhre Fiſche allhier ins Land führen/ vnd die offt baſs feil geben/ dann ſie die ſelbſt erkaufft/ allein darumb/ das ſie den Wechſel machen/ vnd gute Müntze bekommen/ die ſie bey vns wider anlegen/ an jhre Kauffmans gewerb/ alſo würde es vns auch gehen/ wenn wir geringe Müntze lieſſen einreiſſen. Zu deme/ wen wir in frembde Lande ohne Geld handeln wolten/ wie die Märcker mit Fiſchen/ wüſt ich nicht/ was wir für Wahren dazu brauchen ſolten/ darumb wir balde jhres bahr Geldes bekemen/ wann wir auch gleich daran verlieren wolten/ würde alſo erfolgen/ das der gemeine

Handelsman im Lande in grund verderben müste. Du magst auch sagen/ wenn man geringe Müntze schlüge / so bliebe dieselbige im Lande/ vnnd die vnnötige Wahre draussen. Du must aber bekennen/ wann die Müntze geringe geschlagen würde/ bey weme der Reichthum/ so mit der geringen müntze erobert/ im Lande bliebe. Nemlich/ bey niemands den bey den Fürsten vn Müntzherrn/ die würden jre silber tewer verkauffen vnd hoch vermüntzen/ vnd den eignen nutz in jre Kammer nemen/ Die Vnterthanen aber würden geringe Müntze haben/ vnnd wie offt anzegeigt/ alle dinge tewrer vnnd für 12½. fl sonst schwerlich/ was sie bedörfften/ als sonst für 10. fl der guten Müntze kauffen.

Die Zinßherrn würden auch den schaden tragen/ wo sie 100. fl der guten müntze auff Zinse ausgeliehen/ das jhnen am halt vnnd werth der Müntze/ als an gantzen Groschen zur zeit der ablösung nicht gar 75. fl erlegt vnd bezahlt würden/ wie obgemelt.

In Summa/ es gehet dein gantzer Rathschlag darauff/ das du den Herrn wilt einen nutz in die Kammer machen/ achtest geringe/ das die Gewercken die Forderung der Silber Bergwerck aufflassen/ vnd das land vnd Leut zu grund verderben/ wie Albertus Krantz in seiner Sechsischen Cronicken im 13. Buch am 12. Cap. auch meldet / das zu Keysers Friderici vnd Maximiliani seins Sohns zeiten/ dergleichen auch fürgenommen vnd geschehen/ Denn allda hat sich der geringen Müntzen halben inn Flandern ein grosse Kriegs Enbörung vnd eusserste Verarmung derselben Stedte vnd Lande ereugnet. Nemlich/ es sind viel Kriege eine zeitlang gewesen (wie jetzt auch in Dennemarck vnnd Niederlande dergleichen geschicht) da sind die Müntzen (wie gemeniglich gebreuchlich) zu gering gemacht worden/ das auch ein stück Reinisch Gold 60. Silberling/ das sind 60. Flan der Stueber gelten / Wie sich aber die Kriege geendet/ vnnd man ob den guten Müntzen gehalten/ so haben etliche eigen nützige solchen abgang vermischt/ vnnd ein theil so die Müntzen zu gering gemacht / haben für gut angesehen/ man solte es bey der geringen Müntze bleiben lassen/ Die andern aber/ so gut Geld oder wahre aus-

...te ausgeliehen/ vnd Bezahlung empfangen
solten/ wolten nicht dran/ vnd stund also die
sache lange vngewiß. Letzlich aber hat der
König vnd Eltesten gewilligt vnd angeschla-
gen/ das die guten Müntzen bleiben/ vnd die
böse Müntze abgeschafft sein solte/ vnd wiewol es jhr selbst schaden/ als reicher Herrn/
auch war/ so betrachten sie doch den grossen
schaden gemeiner Landschafft. Der gemeine
vnuerstendige Mann aber/ vnd die eigen nützige Müntzherrn vnd Adel/ haben sich selbst
vntereinander verhetzt/ vnnd ein empörung
angericht/ vnd Philip von Rawenstein für
jhren Obersten auffgeworffen/ vñ von Ma-
ximiliano abgefallen/ vnd haben sich die auff-
rührer in [illegible] grosse Stad (Schluß genant)
gelegt/ welche am Wasser bey einem Paß
derselben gantzen Lande gelegen/ vñ dem Lande alles auffgehalten/ vnnd grossen schaden/
(wie zu erachten) zu gefügt. Letzlich hat sich
der löbliche Hertzog Albrecht von Sachsen
vnd ein Graff von Nassaw dieser Sach an-
gemast/ vnnd damit man des bösen Kriegs
vnd andern entbörischen Volcks ist loß wor-
den/ haben die Stedte alle jhr Silber vnnd

 gül-

gülden geschmeide geben müssen / das man sie vergnügt hat.

Darumb da du dich je in vnbefohlene Rähte vnd Empter mischen woltest / so möchtestu etwan rahten / vnd nachzudencken vrsach geben / wie die Bergwerck auffgenommen vnd ganghafftig gebawet würden / vñ etwan fürschlagen / dz ein jedes Mensch in seines Herrn Lande ein erb Kukus zu bawen schüldig vnd verhafft were / dann wo kömpt das Geld anders hero / denn aus den Bergwercken / wenn nu die Vnterthanen die mittel vnd ordnung Gottes verachten wollen / vnd nicht bawen / wo wil man geld nemen / damit man die Lande reich / vnd also wie dem zu thun sey / das man die Leute so nicht Berg[illegible]tendig / nur lust zu bawen brechte / rahten vnd angeben / welches als dann der Obrigkeit mit zehenden vnd andern die Silber Kammer füllete / desgleichen die Vnterthanen vnnd Lande auch gebessert würden / welchs ein billich angeben were.

Darumb woltestu dich eines bessern besinnen / vnnd wider des gantzen Römischen Reichs vnd andern guten Ordnungen vnnd ver-

verderben der Lande nicht rahten/damit die straffe dermal eins nicht komme/ vnd dir gelohnet/ wie du gedient vnd gerahten hast.

Folget ein Bericht/ wie die Silber vnd Golder/ so von Silber Hendlern/ Kauffleuten/ Goldschmieden/ vn̄ andern verkaufft/ vnd zu vnzimlich tewer gegeben werden/ für noch grössern Schaden/ Land vnd Leuten zufügt/ als wann die Herren jhre Silber steigern.

Es ist angezeigt/ welch ein grosser mercklicher schade erfolge/ wenn Fürsten vn̄ Herrn so Bergwerg haben/ jre silber zu hoch vermünzen vnd geringe müntze machen lassen. Aber wen̄ hendler/ Goldschmiede/ vnd andere/ die offt an jre Wahre silber nemen müssen/ dieselben weiter verkauffen vnd steigern/ ist es jnen vn̄ dem gantzē lande noch viel schedlicher/ vnd jre eusserste verderb/ vn̄ wiewol solches kauff vnd verkauffens halbē auch ins heiligē Römischen Reichs müntz ordnung vorsehung geschehē/ darnach man sich billich halten solte/ vnd also vnter andern lautende:

Ob jemand were / der vngangbare Müntze hette / vnnd dieselbe zuuerkauffen willens / der sol sich bey derselben Obrigkeit / darinne er gesessen / angeben / vnd solche Müntze besehen lassen / so feyne sich dann befindet / das es solche vnganghafftige Müntzen sein / als dann sol er dieselbe durch die so von der Obrigkeit oder herrschafft dazu verordnet / führen lassen / die jhme auch die Obrigkeit nach billichen dingen bezahlen sol.

Aber wie denne vngeacht solcher guten Ordnungen / vermeinen sie doch / sie wollen jhre Cassa auch füllen / wie etliche jren Herren jhre Silber Kammer / gehet jhnen auch wol ein zeitlang etlicher massen an / aber weil sie es recht bedencken / müssen sie selbst sagen / das sie jhnen an jhren Wahren / Gütern / Hantierungen teglich vnd gemeinen Marck Pfennig / doppelten schaden zufügen / vnnd zum sehrsten die tewrung befördern helffen / wie denn aus fürgemelten vnd folgenden vrsachen zuuermercken.

Vnd nach dem des heiligen Römischen Reichs / vnnd aller Reichmessigen Müntzstende Ordnung gebeut vnd helt / Das aus einer jeden M. fein silber auffs meiste 10. fl. 4 gl. 4. d / sol gemacht vnd gemüntzt werden.

So ist aber der Hendeler vnd andere da/ verachtens vnnd geben die feine M. Silber nicht gerne vmb zehen Gülden / sechs gl / welches 1. gl 8. d mehr ist/als daraus kan gemüntzt werden/ bedencken oder fragen nicht darnach/ wo da bleiben die Vnkosten/ so im vermüntzen müssen darauff gewand werden/ als schleg schatz dem Müntzherrn/ abgang des Tiegels/ Kollen/ Müntzerlohn/ Pregstöcke/ Riegel/ vnd Stöck/ Probe/ abgang der schmutten/ abgang in weiß machen/ Tiegel glüen/ Zehrung/ die der Müntzmeister/ wann er darnach reiset/ darauff wendet/ vnd andere gemeine ausgaben/ vnd das vber solches alles der Müntzmeister für sein mühe vnd arbeit auch etwan 1. gl haben wil/ welches sich alles zusammen weit vber 5. gl erstreckt/ so diese 5. gl zu den 10. fl 6. gl summirt werden/ so erfolgt/ das der Müntzmeister aus einer M. fein Silber 10. fl 11. gl müntzen muß/ vnd also eine jeder M. fein Silber vmb 6. gl 8. d zu geringe machen/ vnd nimmet dennoch keinen vnziemliche

 chen

chen Gewinn/zu welchen der verkeuffer mit seinem zu hohen verkeuffen des Silbers die erste/ vnd der Müntzherr die ander vrsach vnd verderb der Lande ist/ an solcher müntze müste auff 1. fl verlieren 8 ₰/ vnd nimpt dennoch der Müntzmeister keinen ziemlichen gewin/ als denn wie gemelt/ auff 1. M. 1. fl.

Es kans vnd lests aber der Müntzmeister bey so gutem vermüntzen noch nicht bleiben/ Denn sind die vnkosten zu groß/ vnd die silber zu tewer/ so mus er desto geringere Müntze machen/ Feret der halben zu/ vnd macht geringere/ als etwan Spitzgröschlein/ gantze Groschē/ Schreckenberger vnd dergleichen.

Als ich setz/ er macht der bösen gantzen Groschen/ wie sie valuirt vnd angeschlagen/ derselben müntzt er etwan aus einer feinen M. Silber 12. fl 16. gr/ vnd gibt dieselben aus/ stück für stück/ gleichmessig den Reichs vnd guten Groschen/ vnd ist doch 1. stück gegen dem andern nicht mehr werd/ als etwan 9. ₰. Sucht also ein mittel/ damit er einen grössern gewin möcht haben/ vnd sein Müntzwerck erhalten. Es werden aber dadurch alle ding im Lande in steigerung bracht/

gewerb

gewerb vnnd alle Hantierung geschwecht/ vnd alle narung auffm Lande vnd Stedten verderbt/wie forne von diesen erspriszlichen schede gemelt/vnd ist doch niemand die anfengliche vrsach/denn der hohe silber Kauffer.

Es ist auch mercklich/das dieselben verkeuffer der silber wissentlich vrsach geben/zu solchen geringen vnnd zum theil gar nichtigen Müntzen. Denn es ist bißhero trewer fleiß von den Obrigkeiten geschehen/ das die bösen Müntzen angeschlagen/derer wert angezeigt/ vnnd die Vnterthanen für schaden gewarnet worden.

Es ist aber vnuerborgen/ das sich am meisten der arme gemeine vnd Bawersman darnach gehalten/ aber sonsten in kauffmans hendeln/ ablegung/ Heuptsummen vnd Zinsen/ sind der bösen angeschlagenen Thaler mit vntergangen/ vnnd für voll genommen worden.

Die geringen Groschen aber/so auch angeschlagen/vnd nicht mehr den zu 5.6.7.8. 9.10.℔ 1. stück werth ist/ hat vnnd nimpt man vngescheut für voll gleichmessig den Reichs vnd Sechsischen guten Groschen.

Da

Da doch ein stück wie gemelt/nicht mehr werth ist/ als zu 6. 7. 8. etc. Pfennigen. Denn wenn man ein guten Taler verwechselt/ für solche Groschen/so gibt man an dem Thaler weg/ 1. Lot/ 3 $\frac{1}{2}$. qz. fein silber. dagegen empfehet man in 24. derselben Groschen nicht mehr wider/ als 1. Loth 2. qz. fein Silber/ wird also zu wenig am Silber geben/ 1$\frac{1}{2}$. qz. das thut am Gelde 5. gr/ vnd souiel wird in ein Thaler zu wenig geben.

Item/ verwechselstu ein Thaler/ vnnd werden dir Spitzgröschlein/ als Schwartzburgische dafür gegeben/ so gibstu/ wie obgemelt/ 3. lot 3 $\frac{1}{4}$ qz. weg/ vnnd bekommest inn 16. Spitzgröschlein nicht mehr wider/ als ein lot/ zwey qz, 1 S/ wird dir also zu wenig am Silber ein qz. das thut am Gelde 3. gr 4. Pf. Solches wird dir auch zu wenig für ein Thaler.

Derhalben weil solcher betrug bey denen/ die es am meisten verstehen/ vnnd mit Silber handeln/ erduldet worden/ so ist sehr vermutlich/ das es darumb geschicht/ das die Müntzmeister den Verkeuffern der Silber desto mehr für eine M. geben sollen/ damit

sie

ie jre Cassa füllen/Gott gebe es betreffe der daraus entstehende Schade/ wem er wolle.

Da nun solches ferner inn vbung solte bleiben/ wolte daraus erfolgen/ das allewege vnd so offt der Hendler die Silber steigerte/ müste eine geringere Müntze gemacht werden/ Dann würde keine warhafftige vnnd bleibliche Müntze gemacht werden/ nach deme das Silber allewege gesteigert/ vnd tewer gekaufft wird. Wird es nuhn tewrer/ so mus der Müntzmeister den Kauff nach müntzen/ vnd die Müntze geringer machen.

Vnd würde also das Silber dadurch also offt vnnd hoch gesteigert/ das zu letzt die Müntze eitel kupffer werden müste. Widerumb aber bleibt das Silber in einem Kauffe/ so macht der Müntzmeister gut Geld/ vnd were eine gute stete ganghafftige Müntze.

Vnd in Summa/ so henget der Silber kauff an der Müntze/ ist das silber wolfeil/ so kan gut Geld gemüntzt werden.

Du möchtest dich hierauff entschüldigen vnnd fürgeben/ das dir die Müntzmeister zu geringe Geld für dein Silber geben/ müstest derhalben desselben desto mehr dafür nehmen/

men vnnd also tewrer verkeuffen / damit du den wert des guten Geldes daran bekemest.

Antwort/du bist die erste vrsach mit deinem zu hohen verkeuffen des silbers/ vnnd das du die bösen Thaler vnd Groschen nicht eingenommē/wie sie taxiert sind/sondern für voll/ vnd also eine vbung draus gemacht/das geringe Müntze ist gemacht vnnd ganghafftig worden/ das du aber die vrsach dazu bist gewesen/ vnnd noch ferner sein wilt/ vnnd die silber steigern/ das ist vnbillich. Dazu weistu wol/ das höchstgedachtes Römische Reichs Müntzordnung/ vnnd alle Rechte dich mit dem silber kauff an deinen Landsfürsten weiset/ welcher dir gut Geld dafür gibt/vnd wider daraus müntzen lest.

Ferner möchtestu sagē/es könne ein müntzherr aus seinen Bergsilbern (wie forne gemelt) wol geringe Geld machen lassen/ wie du denn dazu kemest/ das du es für gut geld/ für dein Silber nemen soltest ?

Hierauff hastu dich zu besinnen/ dz wenn gleich solche Müntzen sind ganghafftig worden/ das man sie taxiert/ vnd jhren wert beneben der Müntze angeschlagen: Das du aber

aber dieselben Müntzen nicht in jren wert/ sondern für voll genommen/ ist dem guter wille gewesen/ So entschüldiget dich derhalben solch fürwenden nichts.

Derhalben so es nach der schcerffe solte fürgenommen werden/ das die fürnembste ursach solcher bösen Müntz möcht erfahren werden/ würde es auff dich fürnemlich folgender gestalt erweiset werden.

Denn das heilige Römische Reich könte die Müntzherrn unter denen die bösen Müntzen gemacht werden/ zwingen/ das sie dieselben müsten wider zu sich wechseln/ als hoch sie die ausgeben/ Darnach dieselben Müntzherrn jre Müntzmeister wiederumb/ das sie dieselben Müntzen müsten annemen/ wie sie die jhren geantwortet hetten.

Als denn würde der Müntzmeister auch fürwenden/ das er die Silber so hoch vnnd viel von dir vnd andern hette annemen vnd kauffen müssen/ hette er anders sein gantzes Müntzwerck nicht abschaffen/ verkeuffen/ vnd seine gantze Nahrung verlieren wollen. Bete derhalben die Obrigkeit/ weil du verkeuffer

keuffer die fürnembste vrsach solches bösen Geldes werest/ man wolte dich dahin halten/ das/ dieweil du jhn in wissentliche scheden geführth/ vnnd wider des Reichs Ordnung die Silber zu tewer geben/ das du mit jhm rechnen wollest/ vnd vmb wieviel du jm die zu tewer geben hettest / wieder heraussergeben/ oder deine Silber in demselben Kauff wider annehmen müssest.

Vnd legte dir oder deinen Erben etwan dergleichen Rechnung für.

Nemlich den Tag E. N. N. 100. M. fein Silber abkaufft/ die M. pro 10. fl 6. gr/ das thut zusammen/ 1028. fl 12. gr.

Dieweil er aber mich in wissentliche scheden geführth/ das er mir die Silber zu tewer geben/ denn ich verursacht/ böse Geld zu machen/ so ists je billich/ das vmb soviel er es zu tewer gebē hat/ er mirs wider heraus gebe/ Vnd specificirte dir als denn die mit rechnung/ bey seinem gewissen vnd Müntz verstendigen erkentnis nacheinander hero. So mustu doch jhm soviel/ als dieses jhm zu tewer verkaufft/ wider rausgeben/ vnd in mercklichen schaden vnd straffe gefürt werden.

Vnd

Vnd wiewol diese Rechtfertigung für
echt nicht scheinet. Vnd du dich mit vielen
ntschüldigen würdest/ Als das der Müntz-
eister so viel vnd vberflüssig alle Marckte
ch vberliesse / der Bothe die 10. fl 4. gl
er ander 7. gl/ Ja noch wol vergangenen
eipzigischen Marck geboten vnd gegeben
0½ fl /wie du dann dazu kömpst/ das du es
eim Landesfürsten wolfeiler geben soltest/
ls dir dafür geboten vnd fast eingedrungen
ürde? Dann was wissestu / was er draus
achte/ vnd was gieng es dich an/ wenn er
leich böse Müntze machte/ vnnd die Welt
erderbete. Du hiests jhm nicht/ er möcht
s auch verantworten.

Hierauff sey auch Bericht/ das der
Müntzmeister mit nichte entschüldiget / sol
hm auch fürder zu gemüth gefüret werden/
Du aber auch nicht. Dan ausdrückliche pu-
licierte ordnungen/kanstu für vnwissenheit
icht anziehen/ welche du ausdrücklich vnnd
berflüssig hast vernommen/ in Reichs ab-
chieden/ Müntz ordnungen/ vnd deiner O-
rigkeiten vielfeltiges warnen vnd geschehe-
en Ordnungen/ die lauten/das du es deiner

 Obrig-

Obrigkeit verkauffen/ vnd das man aus einer M. fein silber 10. fl 4. gr 4. ₰ müntzen
sol/ So giebstus 1. gr 8. ₰ vnd noch viel
tewrer/ als daraus sol gemacht werden/ vnd
verkauffst es aus deines Herrn Landen. Wür-
dest derhalben dich mit diesen entschüldigen
nicht können loß streiffen/ sondern mit dem
Müntzmeister vergleichen/ vnd auff ein jeder Marck mehr als 6. Groschen müssen
heraus geben.

Mehr möchtestu sagen/ er könne einem
die Silber wol so tewer kauffen/ vnnd kein
Müntze/ sondern Silber Geschir darau
machen. Es ist war/ Silber geschir kan er
daraus machen/ es muß aber alsdann das
Silber/ so zu den Geschirren kompt/ leiden
geringe werden. Vrsach/ du gibst jm die feine
M. vmb 10 fl 6. gr/ zu dieser feinen M. silber thut er kupffer/ 2. loth 3. qt 3 ₰/ das es
Werckſilber wird/ das es 13. lot/ 2. qt. helt
vnd halten sol. Wird also des Werckſilbers
am gewichte 18. lot/ 3. qt. 3. Pf. schwer/ Be-
zale man dem Goltschmiede für 1. lot vnuer-
arbeit Werckſilber/ nicht mehr als ½ fl das
thun 9. fl 9. gr 10. Pf. so verlöre er noch

17. gr

7. ß 9. Pf. Wil er die nun nicht zubüssen/ so muß er das rechte Werckſilber verfelschē/ und noch 1. lot 2. qz. 2. Pf. Kupffer zu den 18. loten 3. qz. 3. Pf. schmeltzen/ so wird das Werckſilber 20. lot 2 qz. 1. ß schwer/ macht es also zu geringe/ vnd verkaufft gleichwol 1. lot umb ½ fl/ so machts wieder 10. fl 6. ß/ das wege also dann wieder herein/ das er zu viel für das feine Silber geben hat.

Es gehet aber deine ab/ so das Silber Geschir kaufft/ dann er/ noch kein Schawmeister kan diese Verfelschung am Strich noch Stich leichtlich erkennen/ sonderlich wann die Silber Geschirr hart sind ausgesotten/ etc. Welches auch von dir vnnd dem Goldschmiede ein vnziemlicher Handel ist.

Derhalben du dich mit diesem auch nicht unschüldigen kanst/ sondern dich selber mehrer zugefügten schadē dadurch beschüldigest/ und in grössere straffe bringest/ denn du nicht allein land vñ müntze/ sondern auch alle herrliche schetze vnd silber Geschirr/ der man sich in zeit der noth für gut Silber zu trösten/ vnd

 etwan

etwan damit such zu vnterhalten/ verderbest vnd geringschetzig machtest/ dergleichen geschicht auch mit den guten Goldern.

Noch mehr möchstu fürwenden/ du wolgest dein Silber in frembde Lande verkauffen. So weistu doch auch/ das dasselbe (wie offt gemelt) ins Reichs Müntz ordnung verboten/ vnnd nemlich am 17. vnd 27. Blat/ vnter andern also lautende:

So setzen/ ordnen vnd wollen wir hiemit ernstlich/ das hinfurt kein vermüntzt oder vnuorarbeit Gold oder Silber/ noch auch Silber Geschir/ es sey dann vergüld/ vnd dazu kein Ducaten/ so inn dieser vnser Müntz Ordnungen/ zu müntzen zu gelassen. Ob auch alles vnuermüntzte Reinisch Gold aus dem Reich deutscher Nation inn andere frembde Lande/ auch in die Niederlande/ es sey Gewerbs weiß oder anderer gestalt/ nicht gefürt oder verkaufft werden sol/ bey Leibes straffe/ etc.

Im Fall aber/ das du vber das die Silber inn die Niederlande verschleiffest vnnd verkeuffest/ so kriegestu doch böse lose Müntzen/ als Philips Thaler/ vnd ust einen annehmen/ vmb 28. g. vnd ist ...ch nicht mehr wert gegē vnser guten müntz ../ als 25. g./ dieselben bringestu alsdenn ...der ins Land/vnd gibst sie wieder pro 28. g. aus/ vnnd ist doch/ wie gemelt/ ein stück vmb 3. g. zu gering/in diesem Lande auszu...ben vnnd zu nehmen/ gar verboten/ vnd ...elche du denn deines Herren Land vnd Leu... auch betriegest. Mehr sage ich/ das du für ...n Silber Wahren nimmest/ so mustu sie ...ch wegen jhres geringen Geldes/ desto ...erer annemē/sie mit gefahr heraus füren/ ...d auch desto tewrer geben/welchen schaden ...endlichen dadurch diesen Landen zufügest.

Vnd dieweil ich mich (wie billich) auff ...s heiligen Römischen Reichs Müntz vnd ...der Ordnungen referire/vnd deine vnbil...che fürnehmen ostendire/ auch nicht kreff...g wil sein lassen/ So weis ich wol/ das ... gesagt/vnd noch mehr berichten wirst:

Das Fürsten vnnd Herrn selbst diese ...rdnungen nicht hoch halten/ warumb denn ... vnnd andere Vnterthanen sich darnach ...chten solten?

Hierauf meinstu/das wenig Müntzstendo...

de/ vermöge derselben Müntzordnung gülldener vnd Creutzer gemüntzt haben/sondern haben für vnnd nach jhre Landes Müntzen müntzen lassen.

Was diese Vrsach sey/ solt vnd darffstu nicht wissen. Das magstu aber wissen/ vnd weists allzuwol/ das rechtmessige Müntzstende/ eben so gute Müntze haben müntzen lassen/ als dieselben Güldener vnd Creutzer sind/ vnd ob sie gleich denselben schrot/korn/ vnd gepreg nicht gleichmessig/ so sind doch in der groben Müntze aus einer feinen M. Silber eben souiel 10. fl 4. gr 4. Pf. gemüntzt/ als ins Reichs gantzen/ halben vnd vierteil Güldenern: Desgleichen ordnung ist im kleinem gelde auch gehalten worden.

Ob aber etwan Herrn gewesen/ die durch eigennützige Müntzmeister/ oder wegen deines zu hohen verkeuffens der Silber geringe müntzen zu machen verursacht worden/so ist doch durch rechtmessige Müntzstende bald Ordnungen geschehen/das dieselben Müntzen taxiert/ vnnd jedermenniglich jhren Werth kündig gemacht/ die als dann ein jeder also hat einnehmen/oder gar vngenommen kommen lassen mögen. Das also dadurch die Obrigkeit auch nicht verschont/dir derselben Werth gegen des Reichs Müntzen zuvermelden.

Es hat sich auch derselben angeschlagenen bösen Müntz Müntzherr jhr keiner widerspenstig gemacht/ sondern viel mehr bedacht/ das es also des Reichs Ordnung/ und sie von jhren Müntzmeistern vnd verkauffern der Silber sind vbertewret/ verurteilt vnd vberred worden.

Derhalben du mich nicht hast zuverdencken/ das ich mich auff dieselben Ordnungen referire/ vnd meines Ampts Heuptordnung nicht verhalte/ sondern dich viel mehr bedencken/ was du wieder die Obrigkeit redest/ damit dir das achte Gebot nicht einmahl zu Gemüth geführet werden möchte.

Vnd wie dem allen/ so bistu weit eine grosse Vrsach mit deinem zu hohen verkeuffen der Golder vnd Silber/ das böse Müntze gemacht werden/ denn die Herrschafften/ die ihre Silber auch zu gering vermüntzen lassen/ vnnd den Gewercken nichts desto mehr dafür geben.

Denn sie können je etwas neher denn Reichs Müntzer müntzen lassen / als du / der du als bald / wie gemelt / 1. ℔ 8 ß / vnd wol tewrer eine feine M. Silber ohn alle Vnkosten / als daraus kan gemüntzt werden / verleufest.

Zu deme / so sind offt in jhren Lendern / als Nieder Sachsen / vnnd andere Kreisen solche geringe Müntzen ganghafftig vnnd vblich / es ist aber jhr befehlich nicht / das du sie in andere Lande schleiffest / vnter ander Geld mischest / vnnd denselben gleichmessig ausgibst vnd einnimbst.

Er vnd seine Vnterthanen zwinget dich auch nicht in seinen Landen / das du sie für gut Geld des Reichs gleichmessig einnemen solst / sondern magst / wie sie in deines Herrn Landen taxiert vnd geschetzt werden / deine rechnung darnach anstellen / vnd desto mehr derselben Müntzen für deine Wahren nehmen / damit du sie inn diesen Landen desto geringer den rechten Werth des Silbers nach / bekommest / vnd köntest ausgeben. Oder wie vblich vnd ordenmessig / das du in denselben Landen die geringen Müntzen wieder an

Wahren legest/ vnnd dieselben an stat des Geldes heraus inn diese Lande schickest/ damit also eine jede Landsart jhre Müntzen behielt/ vnd sich in kauffen vnd verkauffen desto besser darnach richten köndte.

Das habe ich also kürtzlich von gemeinem Kauff Silbern vnnd Goldern zu einem bericht guter meinung melden vnd nicht verhalten sollen.

Weiter folget der grössesete Schad vnnd eusserste Verderb der Landen/ inn welchen ein Herr den andern seine Müntzmeister/ Wardien vnd Factorn/ vmb Silber vnd Gold schicket/ vnd handeln lest.

UNangesehen/ das im heiligen Römischen Reich verboten/ das ein Müntzherr den andern in seine Lande/ nach Silber vnnd Golde nicht handeln/ oder dergleichen gefehrlicher Particirung treiben lassen sol. So ist es doch nicht mehr

 heim-

heimlich/das ein ziemliche anzal Müntzmeister/Wardien vnd Factorn/auff alle fürneme merckte zu komen pflegen/ vnd allda jhre Silber keuffen/ wechsel vñ andere schedliche partierung treiben: Dadurch erfolgen müste/ so man lenger zusehen/vnd nit in der zeit solches verhütet/ das die müntzen zu eitel kupffer (wie obgemelt) werden müsten: Deñ viel guter Leute wargenommen vnd innen wordē sein/ das in wenig jaren ein M. fein Silber sehr hoch auch vmb 16. ß gestiegen ist/ welchen vnrath allein grosse vnd stete einlauffen der Müntzmeister/welcher immer einer vber den andern höher vnd mehr beut/ vnnd gibt/ vrsacht / vnd also mutwillig solche vnziemliche steigerung der Silber vnnd guten müntzen gemacht wird.

Vnd wiewol mancher wehnen möchte/ es solten in Handelsteden/ in vnnd zwischen den Merckten nicht viel Silber zuverkauffen fürfallen/vnd souiel Müntzmeister die die Merckte besuchten/ solten jre Zehrung nicht dabey erwerben. So ist es doch abzunemē/ dz in vnd zwischen den Merckten/ den Probierern vnnd Wardienen viel Anschlege von

brand

brand Silbern vnd granalien vnd Pröbgen/ durch vnuormarckte Personen/ zu probieren gebracht vnd zu gefertigt werden. Desglei-chen ist auch sonderlich zu betrachten/ warumb für alters zu Leipzig eine Müntze gewesen/ vñ wohin vnd zu was schade dieselben silber vnd Gold Kauffe (sind die Müntze ist weg-gelegt worden) gediegen sind/ dann 8. Ge-sellen auff derselben Müntzen/ haben Jahr vnd Tag an Golde vnd silber zu arbeiten ge-habt/ vñ seind gleichwol auff den Bergstedtē der Fürsten zu Sachsen Bergmüntzen auch gewesen. Es schickt sich auch allhier eins ehr-lichen Mannes zu Leipzig zu gedenckē/ der hat für wenig jaren dē silber kauff für deß Churf. zu Sachsen Müntzmeister auff S. Annaberg gehabt/ derselbe als er in einem Leipzigischen marckt eine grosse summa granalien vñ silber eingekaufft/ vnd dieselben alle zusammen in ein starck wolgebawet gemach ordentlich nach-einander auff die Thielen legen lassen/ ist der-selben so eine grosse last gewesen/ das er sich befahret/ es möchte jhm das gemach durch-drucken/ vnd hats hin vnd wider im Hau-se verengelt/ vnnd zum theil inn Stöcke

vnd

vnd Fisser schlagen lassen/ sonst het es dem Haus/ wie gemelt/ schaden zu gefügt.

Ob man aber nun wehren möchte / es hetten sich sind der zeit die alten guten Müntzen sehr verlohren/ vnnd würden derhalben solche Summen nicht mehr ganghafftig sein/ so ists doch an dem/ das die Müntzen sind der zeit/ geringer sind gemacht worden/ vnd das man die zeit 1. M. fein Silber vmb 9. fl 14. 15. K kaufft hat/ jetzt aber kaufft mans etwas tewerer/ vnd können die Müntzen/ so das mal gemacht worden/ vnnd zum theil noch gemacht werden / jetzt bey einem so hohen kauff wol wieder in Tiegel gebracht vnd verkaufft werden. Welcher Müntzen (von wegen dazumals noch wolstehender Bergwerck) nicht wenig gemacht/ vnd ohne zweiffel viel wieder geschmeltzt/ vnnd die Silber jetzt noch ganghafftig sind vnd verkaufft werden.

Ich köndte auch hier wol ausdrücklichen melden / wie diese Hendel fürgenommen werden/ Ich befahre mich aber/ es möchten sich mehr daraus ergern als bessern.

Vnd ist der vnnd anderer halben kein zweiffels/

zweiffel/ vnd beweis mehr von nöhten/ das nicht viel Silber (ohn die zehend vnd steige Silber) noch solten ganghafftig sein/ vnnd eine ziemliche Summa verkaufft vnd eingebracht können werden.

Das aber nuhn frembde Fürsten vnnd Herrn/ andern Fürstenthumen/ Herrschafften/ vnd in jhren Landen vnd Stedten/ durch jhre Müntzmeister/ vnd andere handeln lassen/ Ist auch nicht alleine vnnd fürnemlich wieder des heiligē Römischen Reichs müntzordnung/ Folio 26. vnd 28. bey straff deß Fewers verboten/ sondern auch wieder alle vernünfftige Rechte vnd Ordnungen/ vnd werden dadurch solche Müntzmeister verderbt vnd ausgesogen/ gleich wie eine Biene/ so sie den Safft aus dem schönen Blümlein gesogen/ heben die an zu welcken/ vnnd verdorren.

Denn was geschicht/ du Diener oder Müntzmeister/ bringst erstlich deine bösen Müntzen ins Land/ vnd gibst sie für voll vnd gleichmessig dem guten Gelde aus/ du keuffest ein Silber von dem Hendlern/ die M. pro 9. fl. 6. gr/ vnnd gibst als bald 1. gr 8. ₰. mehr

mehr für eine M. als daraus kan gemüntzt werden/ ohn alle Unkosten.

Darnach giebstu dein böse Geld dafür/ welches wenn du 10. fl solt zalen/ so giebstu nit mehr an deiner Müntze/ als etwan 7 ½ fl/ betreugst also flugs auff 10. fl die Lande/ vnnd 2½ fl 1. g 8. Pf. vnd wol etwas mehr.

Darnach keufft der Hendler/ von dem du das Silber kaufft hast/ vnnd dein böse geld Güter oder Wahren/ vnd verkeufft als bald dieselbe wieder/ vnnd sihet/ das er gut Geld bekommet/ kriegt er dasselbe/ so schmeltzt ers wieder/ vnnd verkeufft dir abermal die feine M. pro 10. gülden 6. g vnd wol tewrer/ alsdenn machstu wieder Geld daraus/ wie forne gemeld/ da 7 ½ gülden vnsers Geldes 10. gülden/ deines Geldes nach anzal der stück werth ist/ vnd treibt also diesen Handel fort vnd fort/ weil dir vngewert bleibet/ die Silber so hoch vnd je lenger vnd je höher zu bezahlen/ vnd die geringe Müntze so hoch/ gleichmessig des Reichs einzunehmen vnnd auszugeben/ denn es henget der Müntzmeister vnnd Hendler an einander/ der Hendler

sagt

sagt/ zahle mir die Silber höher / als des Reichs Ordnungen zulest / vnnd Recht ist/ so wil ich Hendeler deine bösen Müntzen für voll annehmen / vnnd dir helffen vertreiben.

Darnach hastu auch deine Partierung mit auffwechßelung der guten Müntzen/ beider Gelder vnnd Silberner / welche du so hoch vnd vbertewert annimpst/ das dir auch nach zu rechnen/ das du keinen guten Pfennig daraus machē kanst/ wie ich dir wol wille zu specificieren/ so sichs leiden wolte.

Es ist dir aber auch diese steigerung vnd auffgeld geben ins Reichs ordnung Folio 13. vnnd 25. gnugsam zu gemüth gefürth worden/ wie vnd warumb du die Müntzen nicht höher solt ausgeben vnd einnehmen/ als wie sie gesetzt werden/ vnnd endlich dir solches bey Leibes straffe eingebunden.

Weiter treibestu einen hohen vnbillichen Kauff mit den vbergüldten Bruch Silbern/ daran dann auch deine vortheilhafftige böse schedliche partierung höchlich gespürt wird/ welches sich auch aller dinge nicht/ wie du es

dann

damit fürnimbst/ zu melden leiden wil/ dann du weist wie vnbillich viel du für eine Marck zu geben pflegest/ da du doch noch viel Vnkosten darauff wenden must/ ehe du dieselbe zu vermüntzen zu recht bringen vnd vermüntzen kanst.

Denn erstlich mustu sie granalieren oder brennen lassen/ da gehet dir auff eine Marck mehr denn ein qö. fein Silber ab/ das ist werth 3. gr 2. Pf. darnach von der Marck zu granalieren 5. Pf. von der Gold Probe ½ fl/ vnd von der Marck zu scheiden ½ fl/ das dir auch wol am scheiden abgehet/ das dich also ein M. vber das/ das du erstlich dafür giebst/ mehr denn ein fl 3. gr 7. Pf. kostet/ Nun rechen dazu dein vnbillich geben/ so du erstlich gethan hast/ darzu die vnkosten/ so dir zu müntzen darauff gehen/ welches du weist/ dz es souiel auch sein wird/ das mit obgemelten eintzelten stücken dich eine M. höher als eilff fl 15. gr ankommen wird/ Vnnd hast doch in derselben M. vergüld Silber nicht souiel fein Silber/ wie die Ordnung der Goldschmiede wol mit bringt/ so bekömpstu auch das Gold nicht wider/ das man pflegt

auff

arff eine M. zu vergülden/ welches dieweil chs auch außdrücklich nicht melden darff/ ich am Gelde zusammen nichts vber 9. fl 7. gl erstrecke. Diese ziehe nu ab von dem/ as dichs kostet/ als von 11. fl 15. gl / so eest 1. fl 19. gl/souiel giebstu mehr als du es nit recht geniessen kanst. Wie kömpstu aber eines schadens anders nach / dann das du dise geringe Geld machest/ vnd müntzt etwan einem gemeinen brauch nach / aus der feien M. Silbers 13. gülden 6. gl / da dir unsten nicht mehr als 10. gülden 4. gl 4 f. zu müntzen nachgelassen ist/ Macht also e 10 gülden zu gering vmb 3. gülden 1. gl . Pf. Welches also/ wann du einem zehen lden 4. gl 4. Pf. geben solst/ gibstu jhme a deinem drauff gemüntzten gelde nit mehr s 7. gülden 2. gl 8. Pf. Desgleichen vnd iel grewlicher schedlicher gebreuche hastu nit dem Golde auch/ vmb welchs ich lieber enn ichs geschweige/ beneben andern fein ecifice nacheinander fürrechnen vnd durch der zeichen wolte/ vnd sich aber (wie mehr emelt) zu befahren/ das sich mehr daraus

 ergern

ergern als bessern möchten/ Mus es derhalben hiebey wenden lassen.

Es ist aber solchs von dir ein schedlich böse fürnemen/ damit du Land vnd Leut aussaugest vnd in grund verderbest.

Da auch mit dir vnd deiner Herrschafft solte nach des Reichs ordnung vnd abschieden derhalben gelebt werdē/ brechstu deinen Herren vmb seine müntz freiheit/ vnd dir würde ein Juder holtz auff die Hochzeit zu erkant werden.

Hierauff wirstu vnwirdiger Müntzmeister dich mit vielen entschüldigen wollē/ als solte dir vnrecht geschehen/ etc. vnd etwan fürwenden/ wann solchs nicht were/ so würde ich in den Silbern vnd Gold keuffen wol fürnemlich dauon gered vn̄ die rechnung stück weis gemelt haben. Es kan aber ein jeder verstendiger vnnd vnparteischer wol ermessen/ wen̄ man diese sachen solte noch kündiger machen/ welch noch ein schedlich vnd vielfaltig partieren daraus erwachsen wolte. Da aber einer oder mehr mangel daran habē möchte/ vnd dessen richtigere rechnung begeren/ köndt es jnen (nach gelegenheit der Person) wol wiederfahren. Dar-

Darnach wirstu auch fürwenden / Ich rechnete zu wenig / das aus der feinen Marck Silber nicht mehr dann 10. fl. 4. ß 4. ₰ solte gemüntzt werden / welchs alleine in Gülden Groschen gut geschehe / welche am nidrigsten vermüntzt würden / da dagegen wol andere geringere Müntzen weren / als Spitzgröschlein / die vmb 11. fl. 4. ₰ weren vermüntzt worden / etc. Welches wann machte / das deine Müntzen so sehr untergedruckt vnd nichtig gemacht worden.

Hierauff lieber Leser sey berichtet / das die Spitzgröschlein / so die Fürsten von Sachsen bißweilen gemüntzt / keine Landes wehrung noch gewönliche Müntze ist / die sie teglich müntzen lassen solten / sondern gleich geachtet einer Kriegs oder nachmüntz / als die Klippen / vnd andere bißweilen müssen gemüntzt werden / wann grosse Scheden oder ehehaffte fürfallt / Ausser diesem fall wird nicht erfahren / das solche Spitzgröschlein gemacht werden.

Das du dich aber hierauff wilt referiren / vnnd die vnd andere deine Müntzen fur

Landes wehrung darnach teglich müntzen/ Solches ist vnrecht/ denn es geschicht nicht aus fürtrefflicher gemeiner Landes vrsach/ sondern allein deiner eigenen Person vnd eygennützigkeit halben.

Es ist auch wol noch eine Vrsach/ warumb die Spitzgröschlein von Fürsten zu Sachsen sein gemüntzt/ auch wie hoch dieselben ausgegeben worden/ Nemlich/ j. stück pro 15. Pf. Aber es wil mir zu lang werden zu erzehlen/ Dieweil ich dir noch etliche vnwarhafftige aufflage/ so du thust/ zu wieder legen/ die Warheit anzuzeigen/ vnd für schaden zu warnen habe: Denn nach deme du fürwenden thust/ das auch die Zinß-Groschen/ Dreyer/ etc. vnnd andere des Reichs Müntzen vmb zehen gülden 7. gr 0. Pf. sind ausbracht worden/ Köntest derhalben die feine M. Silber vmb 10. gülden 6. gr keuffen/ vnnd mit den vbrigen Groschen die Vnkosten tragen. An solchem berichtestu auch zu milde/ dann du weist/ das je ärmer die Müntzen an Silber sind/ je mehr du abgang des Tiegels/ Schmitten/ vnnd weißmachen leiden must/ Zu deme mustu mehr

ehr Müntzer Lohn dauon geben / als von Thaler / dann je mehr stück auff eine Marck estickelt werden / je mehr Müntzer Lohn du auon geben must.

Dann aus einer M. Thaler gut / wer- en vngefehrlich 8. stück gemüntzt / vnd aus iner Marck Groschen gut / werden 108½ ück / kanst derhalben nicht sagen / das du auff 08½ stück nicht mehr vnkosten gehen solten / ls auff 8. stück. Must derhalben die 2. gr 8. pf. / souiel die Groschen höher vermüntzet ind / als die Thaler / reichlich wieder in die Vnkosten wenden.

Du möchtest auch sagen / als gebestu von vegen des Kupffers / so in den Posten kümet l / etwas mehr für das feine Silber / als du onsten thetest / denn du one das Kupffer keuf- en müstest.

Es ist war / das du bißweilen inn etli- hen Posten in einer M. ¼ Pfund Kupffer / velches 9. g. macht / haben kanst. Du anst aber nicht leugnen / das du dadurch noch eine grössere vrsach bist / das die Sil- er gesteigert werden / vnnd die geringere Müntzen machen must. Dann der Kauff-

 leute

man wird des geringen Kupffers halben keines seigerns erwarten/ dann es versteyerte jhme das Geld/ so er sonst bar dafür bekeme/ mehr als das Kupffer werth were/ würde auch one des mehr abgangs am silber leiden müssen/ als das Kupffer werth were/ vnnd kan jhm derhalben zu nichts nütze machen/ sondern muß vmbsonst in den Silbern weggeben/ wie dann bißhero breuchlich gewesen.

Das du aber nu muthwillig etwas fürder giebst/ das ein ander nicht geniessen kan/ ist nicht recht/ vnd gereicht zu schaden. Denn es giebt dir auch niemand etwas für das Kupffer/ so inn Müntzen ist/ vnnd machst alleine/ das dadurch die Silber gesteigert werden/ vnd darnach das du desto geringere Müntze machen must/ damit du dich solcher ausgaben erholest.

Derhalben du dich mit solchem entschüldigen selbst mehres Schadens bezüchtigest / Vnnd mehr vberredestu viel / man thut vnrecht daran/ das man dir deine münzen chen anschlegt/ sagst sie fast so gut als die guten Braunschweigischen Groschen. Das man sie dir aber anschlegt vnd so gering taxiert/ geschehe darumb/ das man sie darumb inn dem Werth/ wie sie angeschlagen/ solte einzuwechseln bringen / daran dann die Wechseler einen guten Gewinn beyde inn Silber vnnd Kupffer haben solten/ an welchem du darinn auch der Warheit sparest/ Dann (ohne das) das dir in schmeltzen vnd granalien abgehet / gehet desgleichen auch etwas auff kürn vnd probieren/ vnd erstreckt sich so weit / das du kein Vberlauff haben kanst/ welches ich dir auch lieber wolte fürrechnen/ wann es ohne Ergernis geschehen köndte/ Oder ja/ da ich geneigt were / wie die alten Weiber/ sich mit dir in dem vnd andern inn Wort zu begeben / köndte ich dir gegen solche vnwarhafftige Aufflagen die Warheit wol anzeigen.

Aber wie dem allen/ so darffs nicht viel mehr vberweisens / denn das muthwillen gnugsam im Lande anzeigt/ in was Schä-

 den

den vnnd eusserste Verderb du sie mit deinem abführen der Silber guten Müntze / vnnd andern schedlichen Handlungen / fürest vnnd steckest.

In Summa / es sind die Auslendischen vnd benachbarten Müntzmeister vnnd Factor / in diese vnd andere Herrschafften Lande / darein nach Silber vnnd Wechseln zu handeln / ausdrücklich verbotten / darzu auch nicht zu müntzen / du habest denn in deines Herren Lande Bergwerck vnnd Silber. Welches Verbot dir dann auch aus sonderlich vortrefflichen Vrsachen in der Römischen Reichs Ordnungen vorgelegt ist.

Ferner ist zu betrachten / das viel Lande sind / als die Seestedte / Rostock / Lüneburg / vnd auch Magdeburg / in denen fast geringe vnnd fast Küpfferne Müntzen ganghafftig sind / vnd aus einer M. fein Silber sehr viel ihre Müntz gemüntzt wird / Solte man nu denn denselben Müntzmeistern zugeben / in diesen Landen Silber zu kauffen vnd Wechsel zu halten / so würde kein Pfennig so bald nicht gemüntzt werden / er muste durch diesel-

ber

den Müntzmeister stracks wieder inn Tiegel kriechen/ zuschmeltzt/ vnnd inn jhre Müntze verwand werden/ wie denn allbereit im Werck.

Diese Lande aber würden Hering/ Stockfisch/ Plateißchen/ Kähse/ vnnd andere essende Wahren dafür bekommen/ vnd den ersten Pfennig / der dafür geben würde/ nimmermehr wieder sehen/ Also hat ein jeder Verstendiger leichtlich zuuernehmen/ das der frembden Müntzmeister vnnd Diener Handlungen inn andere Lande/ die aller fürnembste / gröste vnnd eusserste Verderb der Lande ist.

Das sey also kürtzlich angezeigt vnnd erkleret/ was die HeuptVrsachen sind/ dardurch Land vnnd Leute/ Hendel/ Zoll/ Zinse / Gleite / Land Güter/ Korn/ Gerste/ Handwerger/ vnnd aller Gewerb heimlicher/ subtiler vnd vnuermarckter weise gentzlich ausgesogen/ zu grund verderbt/ vnnd in eusserste Armut gebracht werden.

Wie aber nu diese schedliche vnnd vnziemliche Hendel abzuschaffen sein möchten/ habe ich mir dauon zuschreiben nicht vorgenommen/ wil mir auch nicht anstehen noch geziemen.

Es wolle aber ein jeder selbst betrachten/ das ob wol diese schedliche subtiele Partierung nicht sündlich scheinet/ noch du dafür achtest/ vnd fast hinfurt für eine Kunst vnnd Subtiliet oder Behendigkeit deutest/ das es doch für Gott der gröste Diebstal vnd sünde ist/ denn er dir darumb deinen Witz nicht gegeben/ das du jn mißbrauchen/ sondern das du den Leuten damit dienen kanst. Vnd hat diese deine Partierung fast ein schein/ als nemestu nicht allein dem Keyser/ ein stück von seinem Zinßgroschen/ sondern das/ was Gottes ist/ der die Lande mit solchen herrlichen Gaben darumb also gezieret/ das sein Wort vnnd gute Zucht/ dadurch sol gefördert werden/ vnd nicht von wegen deiner Nahrung/ (zu welcher er dir auch sonst ander Mittel geben) mißbrauchen wollest/ dich derhalben wol bedencken vnd fürsehen / das nicht dermahl eins solche stück Zinßgroschen gefordert/

dert/ vnd von dir biß auff den letzten Scherff bezahlt müssen werden.

Vnd solches habe ich trewer wolmeinung/ diesen Landen zu einer Erklerung vnd Warnung nicht verhalten sollen.

Actum Leipzig/ den 1. Januar. Anno 1568.

FINIS.

Leipzig.

In Vorlegung Hemmingi Grossen Buchhendlers.

Im Jahr

M. D. XCV.

Die [illegible] [illegible] so ihnen selber

[illegible] welche nach der 4 [illegible]

[illegible] [illegible]

[illegible] 1 [illegible] biß auf 2 [illegible] 17 [illegible]

18 [illegible]

8 lötiges . . . . . . 16 [illegible]

9. 10. [illegible] 11 lötiges. 13 [illegible] 14 [illegible]

12. lötiges . . . . 12 [illegible]

13. lötiges . . . . 11 [illegible]

14 lötiges . . . . 10 [illegible]

15 lötiges . . . . 8 [illegible]

16 Lot 3 q. und 2 gr. . 2 [illegible]

Bergwercks Geschöpff/ vnd wunderbare Eigenschafft der Metalsfrüchte.

Darinne gründlicher bericht der Gebirge/ Gestein/ Genge vnd derselben anhengenden safften / krefften vnd wirckung / als an Gold/ Silber/ Kupffer/ Zinn / Bley/ Quecksilber / Eisen / vnd andern Mineralien.

Auch wie die Edlen Gestein/ so wol die Metals arten geferbet / erkand / vnd mit Gottes Wort verglichen werden.

Vornemlich dem Allmechtigen Gott zu lobe / vnd aller Christlichen Obrigkeit zu ehren/ auch menniglichen zu nutz vnd guter nachrichtung in Druck verfertiget

Durch

Georgen Meyern.

M. D. XCV.

CVM GRATIA ET PRIVILEGIO.

Dem allerdurchleuchtigsten / großmechtigsten vnd vnüberwindlichsten Fürsten vnd Herrn / Herrn Rudolpho dem andern / von Gottes Gnaden / erwöhlten Römischen Keyser / zu allen zeiten mehrer des Reichs / in Germanien / zu Hungern vn̄ Böhaimb / Dalmatien / Croatien vnd Slauonien König / etc. Ertzhertzog zu Osterreich / zu Burgund / zu Braband / zu Steier / zu Kärnden / zu Kräin / zu Lützenburg / zu Wirtenberg / ober vnd nieder Schlesien / Fürsten zu Schwaben / Margraff des heiligen Römischen Reichs / zu Burgaw / zu Mehrern / ober vnd nieder Lausenitz / gefürschter Graff zu Habsburg / zu Tyroll / zu Pfirten / zu Kyburg vnd Görtz / Landgraff im Elsaß / Herr auff der windischen Marck / zu Portenaw / vnd Salnis / etc.

Meinen allergnedigen Keyser / vnd Herrn.

Llergnedigster Römischer Keyser / auch zu Hungern vnd Böhaimb König / etc.

Gott lob E. Keys. Maiest. vnd aller Welt ist kund vnd offenbar/ wie noch die ewige allergewaltigste Gottheit/von anfang/durch jr krefftiges Wort/den festen wolgegründten vmbkreiß dieser Erden/ Welt / mit klaren Himmels Himmeln bedecket/ darunter alle lebendige Creaturen / auch was darinnen vnd darauff/ durch jren höchst weisesten Rath mildigltsten geschaffen / vnd mit allen herrlichsten gaben vnd namen gezieret. So wol auch die Berge vnd Thal mit allerley Bergwerck v metallischen gengen vnd gesprengen/ streichenden vnd schwebende mösschen/ fällen/flözen vnd geschicken/sampt jren zugeordneten säfften vnd krefften/ Gold vnd Sil-

Silber zu wircken / auch alle andere Metall vnd Minneral / mit diesem Lobspruch aus Göttlichem Munde / Gen. am 1. Geld fruchtbar / vnd was er gemacht / Siehe da / es war alles sehr gut / (bezeuget) dadurch dem Menschlichen Geschlechte zum besten / viel reiche Fundgruben bestetiget / daraus ewige Himlische gute Kux / vnd selige Ausbeuten gefallen / Amen.

Weil dann gewiß / das dis hochlöbliche Königreich Böhaim auch Hungern / vnd deren Incorporirten Landschafften / vor allen andern Nationen / nicht allein mit Gold / Silber / Kupffer / Zinn / Bley / Queckſilber / vnd Eisen / auch deren Minneralien / vnd sonderlich

Gott lob E. Keys. Maiest. vnd aller Welt ist kund vnd offenbar/ wie noch die ewige allergewaltigste Gottheit/ von anfang/ durch jr krefftiges Wort/ den festen wolgegründten vmbkreiß dieser Erden/ Welt/ mit klaren Himmels Himmeln bedecket/ darunter alle lebendige Creaturen/ auch was darinnen vnd darauff/ durch jren höchst weisesten Rath mildiglitsten geschaffen/ vnd mit allen herrlichsten gaben vnd namen gezieret. So wol auch die Berge vnd Thal mit allerley Bergwercks metallischen gengen vnd gesprengen/ streichenden vnd schwebenden rödeschen/ fällen/ flötzen vnd geschicken/ sampt jren zugeordneten säfften vnd krefften/ Gold vnd Sil-

Silber zu wircken / auch alle andere Metall vnd Minneral / mit diesem Lobspruch aus Göttlichem Munde / Gen. am 1. Seid fruchtbar / vnd was er gemacht / Siehe da / es war alles sehr gut / (bezeuget) dadurch dem Menschlichen Geschlechte zum besten / viel reiche Fundgruben bestetiget / daraus ewige Himlische gute Kux / vnd selige Ausbeuten gefallen / Amen.

Weil dann gewiß / das die hochlöbliche Königreich Böhaim auch Hungern / vnd deren Incorporirten Landschafften / vor allen andern Nationen / nicht allein mit Gold / Silber / Kupffer / Zinn / Bley / Quecksilber / vnd Eisen / auch deren Minneralien / vnd son-

 derlich

derlich an mehrern örten/ mit allerley hoch Ädelichen Steinen/ vnd sonsten aller nottürfftigen Erden Gewechsen/durch des Allmechtigen Segen / gar reichlich wol begabet.

Demnach so were es groß verwunderlich / vnd nicht der geringeste schaden / das in diesem Königreich Böhaimb / die vielfeltigen des Allmechtigen geschöpff vnd gaben/sonderlich die lieben Bergwercke vnd Ertzgenge/so mehrers theils noch vneröffnet/ wie bisher ferner verborgen bleiben solten.

Vnd ob wol bey den Bergstetten leicht zuermessen/ das dieselben nahend beyliegenden Gebirge vnd Ertzgenge/ zum theil ausgehawen/ so sind doch viel mehr/

derer

weren Gebirge in kleiner weit-
richafft / eins theils gantz vnd vn-
durchhawen / darein der Allmechtige Gott seinen miltreichen Segen eben so wol / als in die nahen-
den / gesprochen.

Wann nun aus sonderlichem
eingeben / der allergewaltigsten
dreyfaltigen Gottheit / ewer Rö.
Keys. Maiest. aller mildigesten
liebhabenden Herren / der Bergwercke / dieselben zu befordern / jeder zeit gnedigst zuer finden / Gott
lob / höchlichen gerühmet / so wol
auch mehrers theils die Herren /
Landstende / Ritterschafft / vnd
andere gute Leute aus den Stedten / Bergwercke zu bawen / wol
geneigt / vnd damit nun durch
verleihung des Allerhöchsten / aus

 dieser

diesem Lustgarten/ solche Bergwercke/ von Gott wolverordenten jrrdischen früchte/ zur nützbarkeit erbawet/ abgenommen/ vnd seliglich gebraucht werden/ wie hernach gemelt wird.

Weil es aber auch nicht dermassen früchte/ gleich dem grünen Grase/ so mit Sensen abgehawen/ Sondern nach Göttlicher verleihung/ mit harter sawren arbeit/ vnd in grosser Leibes gefahr/ aus festen Gesteinen/ an tag gebracht werden müssen.

Vnd ob wol die Bergleute zū teil jr grobes Sprichwort brauchen/ nennen sich vñ sprechen/ Ich bin ein Bergman/ saufft frey/ so wechset Ertz/ tregt sein Leder am

etc. vnd

etc. vnd eine weisse Kappen auffm Heupt/ das ist nicht genug / sondern es gehöret viel ein anders darzu/ Nemlich/ zu dem geliebsten Gott ein andechtiges Gebet / erbares leben vnd wandel / fleissige erkündigung der Gebirge / wie die quer vnd lenge an einander stossen / welches vor / mittel / oder nach Gebirge/ was darinnen für Gestein/ streichende Genge/ flötz/ geschick vnd fälle / wie dieselben eröffnet / weißlich darauff gebawet / trew vnd fleissig gearbeitet/ mit was niedersincken vnd lengen die geschick vnd fälle zu erreichen. Ob auch die Genge jhre rechte safft / nicht zu fett oder dürre / sonderlich mit Schweffel/ vnd Mercurio/ als jhre Beywohnerin

nerin begabet / wie sich die an einander lehnen vnd vereinen / das also mit des allergewaltigsten Gottes Segen / diese früchte / aus jhrer Mutter der Erden / erwechset / erledigt / vnd ans tage liecht zur nutzbarkeit gebracht werden. Dadurch vornemlichen Gottes lob vnd ehre erweitert / E. Keys. Maiest. Regalia vnd Cammergut verbessert / auch Land vnd Leute / sonderlich den Gewercken / vnnd menniglichen ersprießliche nutzbarkeit erfolget / darzu der allergewaltigste Gott / seinē miltreichen segen verleihen vnd geben wolle / Amen.

Hierauff E. R. K. M. aller vnterthenigest gehorsamist ich bitte / dieses von Gott verliehen wolmeinigliches werck / welches aus rechter pflicht E. K. M. zu ehren von mir vnterthenigst presendiret / vnd nach Bergwercks verstand / allermenniglichen zum besten gedacht / vnd am tage gegeben / E. K. M. aller gnedigst geruhen / solches zu Keyserlichen gnaden annemlichen gefallen lassen. Geben zur Brössnitz / am tage Christi vnsers einigen Erlösers vnd Seligmachers geburt / im funffzehen hundert / vnd im fünff vnd neunzigsten Jar.

E. K. Maiest.

vnterthenigster vnd demütigster

Georg Meyer.

Lobspruch der Bergwercke.

In selig nahrung Bergwerck ist /
Wer das gebraucht ohne arge list /
Darumb die Schrifft an vielen örten /
Des gedencket mit schönen worten.
Es hat ja der Allmechtige Gott /
Geschaffen durch sein krefftiges Wort /
Himmel / Erden / Berg vnd Thal /
Auch Klüfft vnd Genge ohne zahl /
Darein leget er grosses Gut /
Das er den Menschen austheilen thut.
Moyses der thewre Gottes Man /
In heiliger Schrifft vns zeiget an /
Das ein reiches Goldseiffen ist /
In Heuilla dem Flus Gangis.
Denn Zubalcain rühmet sehr /
Vor dem eltesten Bergman mit ehr /

Die

Di Genge am ersten er ausricht/
Durch Gottes Geist der fehlet nicht/
Vnd zwar so viel ich hab gelesen/
Ein guter Bergman mus gewesen
Sein/ David der König weiß/
Weil er in seinem Psalm mit fleiß/
Gleichniß von Bergwerck fuhret ein/
Damit er vns erkleret fein/
Demnach Herr König Salomon/
Desgleichen Josaphat Asse Son/
Sind beide von Bergwerck worden reich/
Also das jhme jhr wenig gleich/
Dann sie viel mahlen in drey Jahren/
Wann die auch nur zu ende waren/
Aus India bekamen bald/
Bey sechs vnd sechtzig Tonnen Golds/
Zur Ausbeut vnd zum vberfluß/
Wie sie dann Moyses dahin wieß.
Das Silber war also gemein/
Zu Salomonis zeiten/ wie die stein/
Die Philipper genossen wol/
Des Bergwercks/ da König Philip sol/
Genos-

Genossen haben wöchentlich /
Zwölff tausent Cronen eigentlich /
Aus Macedonia dem Land /
In heiliger Schrifft vns wol bekand /
Vnd wie ich itzt solte benennen /
Viel Bergwerck die sind auffkommen /
Die erfahrung giebet es zu hand /
In nahen / fernen vnd weiten Land /
Als Spanien / Schweden / Franckreich /
Vnd andere Lender dergleich /
Hungern / Kernden / Tyrol / Meissen /
Gar reich sich an Metall beweisen /
Böhaimb stehet auch wol dabey /
Darinne Gott seine Schetze mancherley /
Geleget hat / vnd theilet mit /
Wem ers gönnet / vñ der darumb bit /
Da Hertzog Bodislaus Regieret /
In Böhmen ward reich Bergwerck spürt /
Thet Gott eine Schatzkammer auff /
Bescheret ertzs Ausbeut mit hauff /
Auff der Eulen der freyen Bergstat /
Die jhren Nahmen also hat /

Der

Der schleer Zugleich ist zu loben/
Ein Bergman genand Rotleben/
Auff ein Quartall/ ich wils erachten/
Sechsmal hundert tausent Ducaten/
Er solch Ausbeud gehoben hat/
Das hat bescheret der frome Gott/
Kuttenberg vnd S. Jochimsthal/
Auch andere Bergstet vberall/
Freyb: Schneeb: Annab: Mariab: dergleichen/
Allesampt Gottes segen erreichen/
Haben viel grosse Ausbeud geben/
Dafür dich Gott im Himmel lobe.
Dann was du redest das ist Ja/
Vnd wan du es sagest/ so mus stehē da/
Da dir vnd Petre Geld gebrach/
Sprachestu dein wort/ als bald man sahe/
Müntz vnd Silber ins Fisches schlund/
Die kunst kanstu noch heut zur stund.
Nun sprich O HErr den Segen gut/
Zu allē Bergwerck/ vnd halt in hut/
Kirch/ Schul/ Gericht/ Gerechtigkeit/
Sampt der er aller Obrigkeit.
HErr Gott verleihe das wir vertrawen/
Mit deiner hülff die Bergwerck bawen.

Darzu

Darzu gib vns deinen heiligen Geist /
Der dis vollbring vnd krefftig leist /
Zu heiliger Dreyfaltigkeit namen /
Wünschet Georg Meier von Hertzen /

A M E N.

Das er-

Das Erste Capittel.

Von vnterricht der Gebirge/Gestein/Genge vnd Klüfft/ auch was vormittel vnd nach Gebirge sein.

ERstlichen ist einem jeden Bergman hoch vō nöten zu wissen/ das er in den Gebirgen/ die Metals genge/ nach jhren streichen ergründe/ vnd jhre gelegenheit wol einbilde/ das also an allen örten / wohin er kommet / Gewis auch in mangel des Compasts bericht sey / wo Morgen / Mittag / Abend vnd Mitternacht / wie auch eigentlich dis oder jenes Gestein / in seinen streichen ergründe/ auch sampt den ausgehen haben vnd behalten/ zu guter nachrichtung/ beides der langen vnd kurtzen Gebirge/ wie es sich eben am lengesten zu einerley weise oder form hinzeucht.

Die form aber solcher Gebirge Natur sind mancherley / wie hernach zuersehen. Erstlichen führē eins teils viel grewsinge talckende Schiefer / als Silber vnd Bley gebirge / eines teils in einen derbē gestein / darinnen wenig Schieffer noch Talch ist / seind aus jrer feste wege zuerkennen / gleich wie ein Goltgebirge / eines theils Sandgestein / darinnē Zwitter vnd Kupfferblumē herfür scheinen / vnd eins theils flache flötz vnd schiefferstein / darinnen auch Kupffer Ertz gewircket. Derhalben der Natur nach / wol abzunemen / das sie wegen von mancherley gestaltniß / auch mancherley früchte erlangen / da findet sich in den Mittages Gebirgen / die besser sein / denn jhre anteil. Gegen dem Abend die nachgebirge / oder Endeheissen / darzwischen allwege ein centrum der volkommenheit geordnet ist.

Also auch in den Quergebirgen / so von dem mittage in die mitternacht streichen / solches ist das vorgebirge / Gegen dem morgen / was fruchtbar / denn das ende in Abend / bis in jr centrum der volkomkomenheit/vnd so fort an/durch alle Gebirge/an einem orte wie am andern/dan die erkendnis jrer ausgehundes vnd vnter sich fallen beweisens.

Darumb mus man sich nach Göttlicher ordnungen richten/vnd der Natur buchstaben recht ergründen/welche Gebirge zu dem besten Metallen/jhre mittel breit oder schmal geben/in welchen auch viel genge erfunden werdē/ist höher nicht auszugründen/dann darinne ist begriffen die Himlische vnd jrdische Anathomij der Ewigen volkomlichen güte/vnd der vnuergenglichen vnd vnauffhörenden bestendigkeit der Metallen/so mit Göttlichen willen zu befoderunge aller dingen herfür kommen/weil sonderlich die Metallen das Gold/das auch Adam im Paradeiß erkand/durch seine erst geschaffene weißheit/als der höchste Naturkündiger/da er mit grosser vorbetrachtung die Erdē angesehen/vnd vorsichtiglich jre früchte vnterschiedē/auch die Gebirge erstlich geteilet/vnd anfenglich jhre mittel vbermessen/weil dann der

Himmel nach Göttlicher Ordnung/ vnd dessen krefften auch die Erden/ der Metallen rechte Ertzmutter/könten sich die Himlische Geschöpffe/mit dem Lustgarten der jrrdischẽ früchte/ zum wachsthumb wol vergleichen/ vnd vberein komen/also/ das Gott durch sein allmechtiges wort/ dz aller höchste Metal Golt in den Gebirgen vnd Gengen des Erdreichs abgetheilet/auch an den Wassern Tygris vnd Euphrat/ die aus dem Paradeis entspringen/ in Sand durch diesen Ertzschöpffer verordnet vnd vnterwiesen befunden/damit seine Nachkömlichen vrsach hetten/ denen im liechte der Naturẽ ferner nachzudencken / welches dan der erstgewesene Tubalcain ein liebhaber aller freyen Künste / sonderlich in Bergwercken/hat tieff zu gemüte gefühet/vnd auch hernachmals vor sich vnd die seinen grossen nutz vnd reichthumb geschaffet vnd vberkommen/ auch von Moyse der höchsten Sprach vnterrichtet/vnd sampt den Vätern/Seth/Abraham/Jsaac vnd Jacob/mit denen Gott

selbst

selbst geredet / von tag zu Tage / mehr in natürlichen dingen geübet vnd berichtet worden / da sie ohne zweiffel in jrem Gewissen nach gedacht / vnd augenmaß erkennet haben / nach welcher anzeigung / gestalt vnd weise sie darzu kommen vnd wol gebrauchen können / so hat jhnen auch Gott an aller Weisheit vnd Verstand mehr zugelassen / als wie er noch den frommen vnd Gottfürchtigen thut / das jhnen also durch die vor Welt / das Centrumsalem durch des Salomonis Weisheit / die Stad vnd der Tempel Gottes zu Jerusalem seinem auserwehlten Volck den Jüden von dem Golt ist gezieret worden / die da jtziger abnemender letzten Welt / als den nach Gebirgen vnd entschafften zuuergleichen / in weißheit vnd wissenschafft abnementlichen genugsam am tage ist / Derwegen die Edelsten Metallen / Gold vnd Silber wol zu suchen vnd zufinden / weil es aber zu Gottes lobe vnd ehren wenig gebraucht / darumb an stat des Goldes desto mehr Eisen erlangen.

Es hat der allerhöchste Gott der trechtigen Erden/ seinen Göttlichen segen eingesprochen/ das sie aller Creaturen eine Mutter/Erhalterin vnd Ernehrerin zuförderst aber dem Menschlichen Geschlechte zum besten sein vnd bleiben solle.

Also das sie jre natürliche hitze/vnd küle / feuchte vnd truckene/ in gleich den andern dreyen wircklichen Elementen / jre glitzetten vnd dünste nach Himlische kreffte innerhalb fruchtbarer mittel/auff Ertzoadern vnd Gengen heruor bringen sol. Gleich wie ein weiser Haußuater in einen Lustgarten / jhme von mancherley Naturen herrliche schöne Bewme vnnd Kreuter pflantzet / die nicht vngleich/ sondern fein ordentlich vnd Reienweise nach einander / wie er die haben wil / setzet.

Vnd doch wann mit der zeit die alten nicht mehr frucht bringen/die jungen hernach wachsen vnd tragen / sollen sie mit fleis bethüngen/auch mit reinigung jhrer Stäm vnd Este / trewliche wartung thut. Glei-

Gleicher weise schmücket vnd ziere die heilige Dreyfaltigkeit zu vnterhaltung vnd notturfft der Menschen / die hohen kalten Gebirge / mit schönen metallischen Ertzs gengen vn flöeschen inwendig der Erden / wie dann auch gemeiniglich solche örter mit mancherley Holtze versehen. Also hat er sie auch mit dem lautrigsten schönsten Wasser begabet / welche zu beiden seiten / erstlich vom Regen des Himmels / vnd durch jre krefftе auffgezogen / vbergiessen / auch allenthalben mit dem Meerwasser vmbgeben / also / das ohne auffhören / ein steigen vnd fallen des Wassers / ist eines das ander zu bemühē / vnd forderunge / als den notürfftigen zubringen / daher man die obern tag wasser nennet / wie auch die erfahringe zeiget / das die ebenen niedrigen Lender / mehr trüber / vnd weniger Wassers haben / die alleine das Tagwasser jre lettigen trübigkeiten / damit die Felder feist machē / vnd gleichwol jre früchte durch des Himels Taw vbergossen werden / also habē auch die hohē gebirge mehr

 kreff-

kreffte vber sich zuwachsen/mit jhren eusserlichen Thannenbewmen/ wie auch inwendig mit jren früchten/des Ertzs vnd Minerall/die alle durch die leuterung der Wasser/vnd jhrer mitgehülffen/ wie des kalten vnd warmen Fewers krefften/also auch wol durch die vndern vnd öbern lüffte/ der jrdigkeiten / Gleich einer getoppelten art / das ist leidentliche vnnd wirckliche verklerung vberkomen/Demnach aber die kalten vnd sehr hohen Gebirge/nicht alle zu Metallen dienstlich / so sind sie doch zum thell an jhren felsichen Kammen/sonderlich auff der ebene/ dē Schweitzer Gebirge gleich/zur anderer mercklicher nutzbarkeit verordnet/vnd wie eine starcke Ringmawr dem ebenen Lande vmbgeben/ auff das nicht ein jeder als bald / die inwendigen früchte zu entnemen / wie ein Schwein vnter die Eichelln lauffe/sondern halte mit weisem verstand ein abwechsel / vnd einen wolförmigen vnterscheid / vnd bitte zuuoraus den lieben Gott vnd Schöpffer/das er jn/in allen seinē segen/gnad vnd wol-

thal

jhat gönnen / vnd ein rechtes erkendniß darzu vorleihen wolle.

Damit er wie die alten getrewen Haußueter gethan / jhme einen gewissen grund / mit offenen durchschleaen mache / dann gleicher weise ist die vollkömliche stat / der erkendnis vnd weißheit aller dingen / wie ein liecht / das in ein weit gemach oder Feld gesetzet / seinen schein zur rechten vnd zur lincken giebet / aber je ferner je tunckler / je neher je liechter / also ist es auch an den Gebirgen / vnd der fündigen genge Gestein / das fruchtbare vor das vnfruchtbare wol zu erkennen / daran den guten Berckleuten nicht ein wenig gelegen / die geringen von den besten abzuscheiden / auff das er mit seinem embsigen suchen / in einem rechten Glauben / vnd nach sinnen sein thun vnd vornemē anlege / vnd nicht auff den Glücksfall oder Geraths wol wage / vnd der Ruten zu viel getrawe / das Kleul in der Hand behalten / vnd die Richtschnur / die Gott aus gnadē allen Menschen in der Natur gar vmb sonst gegebē / andern hinzuziehē fahren lassen.

Wo nun ein fleissiger Bergman/ Salomonis vnd Tubalcains weißheit recht nachgehet/der wird nechst Gott mit dem grossen Propheten in den fewrigen Pusch/ das ist/ in entzündeter lust vnd begier/kommen/auch jeder selber mehr achtunge auff die Berckarten haben/welches in harten wilden greusigen schiefferigen Kalchsteinen / oder andern vnartigen Gesteinen brechen / vnnd vornemlich aller siebenerley Berckarten fleissiger sich zu erkunden / jm angelegen sein lassen / So wol auch mit den mineralien / vnd jhren fettigkeiten/ die oberaus artig / jre farben zum theil heraus an dem tage auff dem Rasen/ in das grüne Graß setzen.

Darumb sprichet Salomon / das Gottes Segen reich machet / ist nun Gottes Segen im reich werden / so ist er auch in den Gebirgen der Metallen / wer nun die weißlich weis zu suchen/der mus auch weisheit vnd wissenschafft darzu haben / wie dann Salomon auch wol dahin gesehen / wie man müsse die

wech-

wechset / das ist / den anfang mit dem ende betrachten / das erste mit dem letzten vorgleichen / vnd das gute darzwischen erlangen / darher auch das Sprichwort kommen / das man aus zweyen bösen sachen eine gute erwehlen müsse. So nun der reiche König Salomon / durch seine erwehlunge / den Segen Gottes eingenommen / vnd reich ist worden / warumb wolte man die herrligkeit Gottes / was auch in der vndern Erden gewircket so vbel gebrauchen / vnd verachten / so es doch aller vernunfft nicht zu wieder / das man das gute sol erwehlen / vnd das böse dahinden lassen. Dann was Gott thut / bleibet ordentlich vnd ewig bestendig.

Demnach so nun einer oder mehr wil was gutes erwehlen / der mus seiner wahl gewiß sein / vnd die siebenerley arte Metallischer früchte kennen / auff welcher seiten er denselbē kan neher beykommen / Göttlichen Segen zu erlangē / vnd wie in Wolcken des Himels der Regenbogen

bogen/ mit seinen schönen lieblichen farben herfür scheinet/ also scheinen auch herfür in superlatiuo gradu, zu erkennen/ die wechsel der Ertze/ mit sampt dem schönen metallischen Blumen/ deren auch Salomon in seiner herrligkeit nicht bekleidet gewesen. Er hat sie aber in Gott gesucht/ gefunden vnd verstanden/ vnd ist zu keinem abglauben kommen/ oder damit gefallen/ wie der Fürst auff dem Vieschcraht.

Derohalbē ist zu schliessen/ vnd notwendig zu erkennen/ wie alle diese vngründlichen vnd aberglaubigen vornemen nicht bestehen/ vnd in Bergwercken keinen fortgang erreichen. Derowegen von nöten/ das man wieder auff den grund/ vnd auff gewissen bescheid des Bergwerckes sehe/ vnd auff solche Leut acht haben/ die Gott wiederumb im liechte der Natur/ vnd in des ersten Bergmeimeisters Tubalcains sachen/ wol erfahren/ gewinreiche Bergwerck auff zu bringen/ darzu wil Gott ohne zweiffel/ den getrewen suchenden/ vnd wolmeinenden mēnden lieben Bergleuten/ seine Göttliche Gnade verleihen/ vnd mit allem trost vnd Weißheit erfüllen/ das jhnen gleich wie erstē nicht viel zuuor gegeben/ sonderlich do sie jhnen die wirckliche Natur / in jhren Gebirgen vnd Gengen/ an einer richtigen schnur/ vnd mit gutem Hertzen verstand/ trewē arbeit vnd fleissigē auffsehen liessen ein ernst sein / reiche Bergwercke zu erbawen haben.

Das Ander Capittel.

Von allgemeinen wirckung der Metalln vnterschieden.

DAmit der Allmechtige Gott zu ewiger ehre vn̄ herrligkeit/ in gleich allen Naturkündiger / die vnzehlichen wunderwerck vnd guttthaten Gottes gegen allen Bergleuten zu preisen / die sie der einige Mitler/ vnd Schöpffer/ in allen natürlichen wirckungen vnd frucht-

fruchtbarkeit geartet / vnd in der Erden / viel manngfaltiger vnterschiedligkeiten gepflantzet habe / damit als die zwölff Sybillen geweissaget / von der klaren / wahren vnnd einigen Sonnen der Gerechtigkeit vnd Warheit / darinne ruhen nach den zwölff Pforten der Himmeln / vnd nach den zwölff Monaten / beweglich vnd vnbeweglich / sichtiglich vnnd vnsichtiglich für Gottes Thron stehende / die sieben Ertzengeln / nach denen die sieben Planeten / Sonn / Mond vnd Sternen / mit den sieben obgemelten Metallgebirgen / vnd jrer eigenschafft / Gold / Silber / Kupffer vnd Eisen / Zinn / Bley / Quecksilber darnach Wiesmuth / Kobelt / Spiesglaß / Schwefel / Victriol / Allaun vñ Saltz / sampt allen Berg gewächsen vnd gurren / damit nun in solchen / den rechten centrum ergreiffen / so hat Gott die erste scheidung / wie geschrieben stehet / Spiritus Domine ferebatur super aquam / der HErre hat durch seinen Geist geschwebet auff dem Wasser / so ist das

gantze

ganze Element der Erden ein Leichnam Wasser gewesen/aber der Geist des Herren Zebaoths hat es zertheilet / vnd die Erden aus der trübigkeit des Wassers/ aus seinem vnterschiedlichen Himlische Thron) formiret / sampt allen früchten er Metallen/vnd die jemals in der Eren inwendig erschaffen vnd geboren/die nd Wasser gewesen/können auch wierumb in des Wassers gestalt gebracht erden. So sind auch alle ding in al n/aus beyhülffe der vier Elemente O khet/ wie inwendig der Erden / so wol uch auff ire auswendigkeit in allen jren nimalischen & Vegitabilischen früch in der Bewme / Kreuter gewechs/maner ley geschlechte der Thier / Vogel/ isch vnd mehr wunder/ja alle dinge koen aus dem Wasser / nach dem Geist es HErren/vnd des ersten von ewigkeit raus gehende volkömliches wesen/dar as aller andern volkömliche dinge/ gerbte vñ vngefarbte/harte/kleine grosse/ iche arten vñ naturen gebildet werden/ ie nach den 12. steinnen im Schülling

Aaro-

Aaronis den Menschen nach dem eben-bild Gottes beschaffen / wie das Adam/ des heiligen Geistes durch ewige Weißheit erfüllung / durch vnd in jhm allein nach der Ordnunge Melchisedech allen Menschen ist eingegeistet worden / vnd den ewigen Gott/welcher ist der erste vnd letzte/ der Anfenger vnd Endet aller ding/ der seine Gaben gesetzet/ jn zeit vnd stunde / Tag vnd Jahre / wenn vnd wie sie nach seiner Ordnung im ewigen Rath beschlossen/ geschehen vnd ergehen solln/ der hat auch darzumal sein allerheiligestes mittel / wie am Abraham / Isaac vnd Jacob/so wol an Moysen / Aaron vnd Melchisedech gezieret/ vnd viel Menschliche Geschöpffe gebenedeiet / wie er die von Ewigkeit nach seinem wolgefallen bedacht in jrem Termin zuuorendern.

Also hat er auch diese gegenwertige zusamen geschickte stratificirte vnd gerteglirte fruchtbare Erden/ aller Gewechsen Mutter/ ein Baum aller Beume/ mit solchen viel vnaussprechlichen früchten der vnendligkeit vnterschieden/ vnd also

das

das herrligste gelobte Land/ aus den beiden Elementen / von dem Wasser/ vnd die Wurtzel der fewrigen Liebe zusamen gebracht / vnnd die trechtige Erden mit jrem gesunden frischen auserwehlet / aus denn viren von dreyen ein Gott in ewigkeit / vngetheilet Trinitirt/vnd aller Creaturen Leben vnd Geist reichlich vbergossen/ vnd der HErre der Heerscharen der Himlischen krefften Werckmeister/ nach denen auch die Philosophi so hoch klimmern/vnd die ersteigen wollen/aber gleich wie wir mit seinen Auserwehleten Volck den Jüden/in seinem wesentlichen Thron / nicht begreiffen können noch ergründen / so werden auch in Himlischen dingen / so wol in den jrrdischen/vnter sich aus der Erden/das Ertz die Bergleute/ohne erkentnis zu gewinnen nicht ergründen/ viel weniger vberkommen mögen. Dann sie liegen allermeist in jrrthumb gefangen / in welchem Gefengniß erstlich die Juden bey Pharaonis zeiten / in der Wüsten / darnach in der Babylonischen Gefengniß seind hart bedrenget worden / vnd Gott hat jhn selbst getröstet / getrencket vnd gespeiset / vnd jmmer fürder geholffen / bis auff den eingebornen Mitler / aller Menschen Heil vnd Erlösung / dem HErrn Messiam Jhesum Christum / den Gesalbten Sohne Gottes des Allerhöchsten / weil sie jhne nicht haben empfangen vnd annemen wollen / so seind sie zumal tieff ins Gefengnis kommen vnnd gefallen / dann sie haben jhren HErrn vnd Heil / vnd alle jhre Obrigkeit verloren / vnd seind nun recht gefangene Ebreicæ. Nun kan die gnedige versehung Gottes dem Menschlichen Geschlechte / je nichtes nützlichers vnd liebers auff Erden geben / dann weißheit vnd verstand. wie sich die Jüden auch bedüncken liessen / sie hetten daran keinen mangel / aber wie vnkendlich die Bergarten / zum teil den Bergleuten sein / also war jhnen auch der Messias / vnd die heilige Schrifft nütze. Derhalben sind aus jhren gelobten Landen / die besten Handstein / vnd Bergwercke / sampt allen zeitlichen vnd ewigen en Gaben / auff vns die letzten geerbet / nd wir seind die ersten in die letzten wor- en / bis jhnen der Himmel wider geöff- et wird / als dañ solche Creaturen aus- endig vnd inwendig zu vberkommen / nd mit den Metallen zugebrauchen.

Die alten Ertzueter haben Gott nd die Natur mit der Schrifft zuer- ennen gelernet / welchen grund Gott nfencklichen geleget hat / ehe dann er ie Planeten geschaffen / weil er auff das nde mehr gesehen / denn auff den an- anck in seiner Schöpffung / daher aber ie Jüden nun mehr weder Gott noch ein Wort / so wol die Schrifft vnd lie- en Bergwercke / durch die Welt aus ichts mehr zugebrauchen haben / weil e in jhrer wiederspenstigkeit vnd ver- ockung beruhen / vnd wiewol wir vor enen nun einen gewaltigen vortheil aben / so ist es billich / das wir auch i der alten Fußstapffen / sonderlich das die hohen Metall belangent / auff ie rechte Bewme der erkentnis / wie Da- iel vnd andere lehreten / vnd bedencken auff Erden wie eine einige Sonne alle Pflantzen frischen / vnnd wachsthumb zeitiget / auch reiff machende / so wol auch der Allmechtige in den Gebirgen Jarzeit / Sonne vnd fruchtbarkeit der Metalln / vnd allen inwendigen früchten der Erden / die an jhren gemercken zu erkennen / geschaffen / auch wie in den Welden die Höltzer vnterschiedlich wachsen. Wie dann gründlich war ist / das ein jedes Metall vnter vielen Jahren nicht kan geneidiget werden / das also eine vngleiche wirckung beyder örter folget / so sollen wir auch weil vns der Allmechtige Gott seine edlen Gaben / die lieben Bergwerck jhme zu seinem lob vnd ehre gebrauchen / vnd vnsere liechter nicht vorgeblich anlegen in finsternis / wie die Jüdē verblend auff jre Messiam dahin vmbtappen / noch gar zu hoch mit den Philosophen die Himmel vnd Erden ergründen wollen / sind aber nie in der Natur so tieff kommen / das sie weren vntersich oder auffgefahren / weil nun auch die vnbewegliche ewige krafft

Krafft Gottes/die benedeiung vnd den segen/vns mit gnaden/ Göttlichē heiligen Geist / vnd hohen verstande / eine christliche Obrigkeit mit Ordnung gönnet/ja auch vnsere gebrechen/schwacheit vnd einfalt ansiehet/vnd mit reichlicher belohnung alle guttthaten vergelten/vnd zum fürderlichsten / den Bergleuten / am aller nothwendigsten / das sie das gute suchen vnd finden mögen / hülfflich sein will.

Demnach auch von art zu arten in seiner wirckung/mancherley Naturen der Metallen / jhrer Geschlechten/ sonderliche Gebirge/einen jeden insonderheit natürlichen samen geben/nemlich/Quecksilber/Schweffel vnd Saltz / es sey nun Allaun / Victriol oder Salpeter / so müssen die drey in allen verhanden sein.

Wenn ein fruchtbares Berggestein ist / da werden auch in jren mitteln/ jhre wirckung erkentlich befunden. Wie viel findet man Gummi vnd Hartz an den Bewmen auff Erden / da jmmer eins schöner / durchsichtiger/ harter vnd milter/ dann das andere / vnter dem geruch/ vnd schmack zuerwehlen/ als die Bienen auch von den besten Blumen jr erkentnis zum Honig nemen/ vnd einsamlen/ vnd wie fleissig die ömissen zusammen tragen/ also sollet jr Bergleute in einfalt auch vnnachlessig sein zu trachten/ wie man dem Bergwerck auffs neheste kan beykommen / darinnen Gott vnnd die Natur so gar richtige wege geleget hat.

Demnach ein gewisser weg Bergwerck / vnd fundige Genge auszurichten / ist einem jeden verstendigen Bergman/ aus Götelicher Schrifft nicht vnbewust/ da der ewige Gott vnd Schöpffer aller dinge/ vber die Gottlose Sündhafftige Welt drey vorneme straffen ergehen lassen wolt / jhren vngehorsam in grund zuuerderben / vnd aus zu rotten / eine mit der Sündfluth/ zu Nohe zeiten / da er die Menschen Kinder in grossen Teich nach Fischen schickte / darinnen solch Wasser vber funffzehen Elln hoch / vber alle Berge gangen/ welche

welche den Erdboden vnschedlich erweichet / dieselben viel mehr gereiniget/ gewaschen / vnd zu mehrer fruchtbarkeit gefördert / durch die Wolcken Seulen/ da die Fenster des Himmels offen stunden.

Die andere zu Loths zeiten / mit Fewer vber Sodoma vnd Gomorra / die doch nicht vber den gantzen Erdboden gewehret / sondern ein vorbilde / wie jhme alle Elementa gehorsam sein / so auch durch die Fewerseulen etlichen Landen/ der dritten theil auff die verklerung der Creaturen zu weisen / welches ich den Theologen befehle/ aber mit dem Wasser der Sündfluth / hat Gott vnaussprechlich sehr / vnd eigentlich die Welt hoch geliebet/ sie versorget / darüber den lieben Noam / mit seinem Diener vnd der seinen in der Archa erhalten/ vnd was Gott dem Menschen wolte vbrig lassen/ vorsorge getragē / welches jme Berg vñ Thal zeugnis geben/ vnd ist den Metallisten oder Bergleuten mehr tröstlicher vñ verschießlicher / das / dadurch eine feine gelegenheit/vnd bequemlicher weg Bergwerck zu suchen / vnd fündige genge zu findē/auch vber alle Bücher der schrifft/ die in weltlicher nahrung etwas vermelden/wo sie sich ein wenig in der aussicherung/mit einen richtigē erkentnis/nach jhren/der Sündflut nieder sans berichten/das wie durch die ersten zwo Heuptstraffen / durch das Wasser die abwasschung/vnd durch das Fewer die Reinigung kommen ist / also wird in der dritten vnausbleibenden / künfftiglich allen Creaturen leuterung vnd erklerung erfolgen/ aber es werden sehr wünderliche anweisung dreyer vornemlichen ordnung / wege vnd mittel/ allen verstendigen Natursuchenden heraus entspringen/die allen Menschen zu erkennen vorgezogen/nemlich/ Gott hat den Menschen eine fürderung dadurch mitgeteilet / altdieweil Adam/ Nohe/ Loth vnd andere alte Ertzueter / von Tubalcains samen her/ zu diesen wercken / mit vielen erfahrungen/ auch in den ersten zwo Heuptstraffen Gottes / vber den vngehorhorsam jhr viel dahin waren / vnd viel der frommen mit vntergangen / das dennoch die Nachkömlingen von Nohe erhalten in diesen natürlichen dingen / zu erforschen / eine erinnerung / vnd nach der Sündfluth die Erden leichter ab zu theilen wüsten / dann die vorigen in gantzen erkand haben. Das beschlossene / offenbarlich gemacht würde / zu ersehen / wo vnnd wie man die gewinreichsten Bergwercke / nach der Metallen gesteine / eins vor dem andern ausrichten / abtheilen / Genge suchen / geschübe vnd abrühtrich finden / jhre schlichwerck / auch mit sampt denn Seiffen erwecken thut.

Denn da ist der einige hohe Mitler Jhesus Christus / der Welt Heyland / der Son Gottes mit seiner Erlösung / für das Menschliche Geschlechte / zur Hellen abgeschieden / vnd durch die tieffe tunckelheit der finsternis verkleret worden / durch das Erdbeben / da alle Creaturen gezittert / alle Felsen erscheudert / vnd die gantze Erden zerschricket / vnd zu einem zeugniß auffgekloben alle Felsen /

 bis

bis auff den Stein/auff welchen aller gebenedeiten Menschē augē sehen/der darzumal auff einen Tag/ die Sünde der gantzen Welt hinweg genomen/da unser Messias/der allerhöchste und heiligste Priester und König/auff dem Altar des Creutzes/ sich seinem Himlischen Vater auffopfferte/dadurch der höchste Bawmeister der gantzen Welt/ die Berggestein herrlich gemacht/ darinnen er drey Tage geruhet/und unter Keysers Tyberi regierung per alta pariudicium auff Erden finsternis erwecket/also/das es alle Nationen der Völcker und Creaturen der Elementen erfahren müssen.

Das tröstet euch wol lieben Bergleute/und nemet nun mit guter richtiger vorbetrachtung und fleis an/gleich gerade/und eben die Wort alta pariudicium hoch/ eben unnd nieder die müffel lange Linien/ und das Richtscheid/ das ist/ Berge und Thal fallen und steigen/ in ewre augen abconterfect/mit der geschickligkeit des altsuchenden wolerfahrnen Bergmeisters Tubalcains/der seine augen

augen offen treget / im natürlichen liechte / voller weißheit / welches grund Adam aus dem Paradeis erkand / vnd von der Weisheit Gottes empfangen / vnd genomen, wie Moyses von jme zeuget / das er soche mittel der gantzen Welt zum besten herfür bracht / darzu ein rechter frey gewerder Schürffer / vnd lobwirdigen Bergman / nach Göttlicher ordnung natürlicher weise / vorsichtig mit warheit vmbgehen kan / auch allen Irrthumb vnd betrug melden / vnd grosse gewaltige vnkosten ersparen / dann man eine lange zeit / von einem Sedillo zum andern ist in finsternis vmbtappen gangen.

Das Dritte Capittel.

Von dem Gold vnd seinem Gestein / wirckung / art vnd streichenden Gengen.

DAs Gold wird gewircket in seinen eignen gestein / auffgengen von der schönsten Mutter der Reinigisten /

gesten/ vnd bestendigesten Erden / von dem allervolkömlichsten Saltz schweffel vnd Quecksilber/ des aller lebendigesten vnd bestendigesten/in das allerhöchste erhöhet / vnd gereiniget / von allem seinen Fetibus vnd Spiritis mit zufügen/des veterlichsten hoch geleutrigsten Himmel / weis/ gelb vnd roten schwefelichen Erden / nach fewriger Nature der Sonnen/ vnd so hoch bestendig/das da nichts ist vnter allen Metallen / das höher/gediegner vñ schwerers leibes sey / aus seiner ingolδischen schweffelischen materien/da keine fettigkeit innen ist/die im Fewer könte verzehret werden / noch keine vnbestendige wesserige früchte/ der aller herrlichsten erwehlung vnd erweckung wircklicher gleicher qualiteten von dem Ertzs arte / darumb alle Elementa zum vollkömligsten vereiniget vnd verbunden sein/ in der höchsten zierheit/kein hindernis findet / ein simpel sauber vorscheiden/durchleuchtert/Himlische Corpus gewircket/ vnd durch geferbet/bis in grund/ alle teil zu gleich/ mit seiner ewig besten-

bestendige Citrinfarben/durch die höchste vorklerte verbindung der schweffellichen Erden / vnd frischen wasserigen Saltzes / mit dem bestendigsten Mercurio der geschickligkeit/der herwider beygunden stete/welche jhme seinen Graden vnnd Athomaß auffs aller krefftigste pirklichet gescheiden / durch die lengste zeit/ zu einem vollkommenen Metall geknüpffet/welche sterckeste verbindung/ die scherffsten vnd grösten wirckungen vnsers athimischen Fewers/ vnd wegen seiner klarheit / auch wunderbarlichen wirckungen / in der Natur der Metallen/nicht kan aufflösen/also thut es auch das / was die liebe Sonne vnter dem Sternen wircket/dann von natur her/ist es alles Goldisch/was jme zu/vnd auff allen seiten anhenget / also reiniget es auch seine nahrung aus in goldische ardensüsset/ mit seinem Antimonium vnd victriolische wesen/seine erhabene Marcasiten / wiewol es von denen allen keinen anfanck/sondern frey von jhme selbsten/ auff das höhest geleutert ist / solch

Metall

Metallertz / das edle Gold / nach der Sonnen Elementirt / in das oberste Gewicht / vnd liecht / hat kein zwischenheit / als andere ding / denn aus seinem zertlichen anfangen / vnd springender Zellen / des vortheils zum warmen Mama / der gantzen herrligkeit der Metallen / mit krafft / macht vnnd vollkomenheit solch Metall obsieget vnd tronisieret / auch alle andere vbertrifft vnd vberwindet / wird von keinem bezwungen noch gefangen / dann sein Königreich ist mit ewiger vnmesiger vnüberwindlicher ehre befestigt.

Darumb lest sichs auch in dem aller besten / geschmeitigsten Gesteinen vnnd Gengen befinden / welches / so derb schieffertig / als ein Jungfraw Wachs / mit grünen greisigen Gengen vnnd Fällen / vnd ist in der Welt / diesem edlen Gold / Simbel gestein / nichts neher zuvergleichen / als die krafft der Sonnen / Demnach wird es auch diesem edlen Gold / etlicher ort vertunckelt / von auswendigen anhengende vermischung der Bergarten in seinen innerlichen samen /

das

das es etliche schieffer vnnd heffen vberkompt/ ist aber jhme in seiner natur vnschedlich/vnd so hoch/edel vnd thewer/es in der Natur der Metallen/ vom lieben Gott verschenist/noch temütiget es/vnd lst sich auch in arme anstossende Berggestein finden/darinnen es viel an seinem rad der farbē verleuret/wie auffm Reichein zuerschē/das es bisweilen mit Silbr/Kupffer/ Zinn vñ spiesglasiger spis in gestein vermischt/welches doch künstlich von jme abzutreibē/das es durch geinge mittel/wider in vollkömliches wein vnd stand gebracht wird/ Ob es wol nfechtung im schmeltzen erleidet/so mus me dennoch an seiner edlen hohen farbē/ achts benomen werden/ in gleich wird as Golderts gemeiniglich gewircket/ uff den Creutzigen Gengen/ am tage/ nd in grosser teuffe gediegen rein vnnd uter/ wie es vor andern Metallen einen vorzug/ in seiner bestendigkeit/ ud hat es auch mehr vnd einen grössern gewalt seines mittels/ in die kleffen/ arinnen wird es gleichwol mit peckowitz witzs eisen man vormischet / bisweilen auch in einem gefunckelte cuglichten Jaspis / mit Kieß angeflogen / in seinen Gengen untermenget / da auch bisweilen victriolische Kieß heuffig gefunden werden. Welcher Victriol / auch am meisten nutzbarlich ist / in die auszüge der Metallen Artzeney zugebrauche / bisweilen werden auch in seinen Gengen flösse / von mancherley handfarben / und weissen Zincken gefunden / die alle mit Gold unterwachsen / so sind die Goldgenge zum theil an das gestein so hart angewachsen / das sie mit Fewer müssen gewonnen werden / Als die Zwitter im Zinstein / und wann sie denn klein gepucht zu schlich gemacht geschmeltzt werden.

Von solchen Goldgengen / gibet es wider viel Seiffenwerck / weil es auch gerne am tage / als Eisen und Zwitter gewircket / die auch grosse Seiffen von jhren Gebirgen / ausschütten / welches dann ein gut anzeigen ist / der bestendigen Bergwercke / da auch jhre Berggestein gar mancherley / wie in ander Metall gekstein fürfallen das Gold wird auch ewircket in stehenden Gengen / vnd uff flachen / in seinem Gebirge / pichet / hlbet / qwertzig vnd eisenschüssigē sand / nd wird gantz gedigen in klüfften an- ewachsen / zu weilen in einen festen ruf- fn werck der frischen Gebirge / doch all- eit nahe bey kießwercken / fällen / flötzen / nd gar greisigen Kammen / man fin- et etliches allein in der teuffe / in einen ilberfarben Jaspis / oder Fewerstein / bis- eilen in einen Hornstein / weiskiesig vñ eißgoldiger farb / als ein Silber oder eiß Kupffertz / darinnen flammet / nd angeflogen / auch herick vnd zänig e den offenen Drusen der Gengeligen / s wird auch in einen spatigen Kalch- ein, gewircket / der greissig ist / mit hwartzlichten lautern Euglein / der Qwärtzlin eingesprenget / gekörnt vnnd etröpfflet / in den subteilesten festen Ge- inen / die dichte / vnd von klarestē Sei- ersand / wird er offt mit eisenmalichten Gengen durchwittert / ausgewircket er- unden / die mit gentzketiger farbgreusen

 Blu-

Blumen / gelben vnd schwartzen näbe-
lichten witterungen / am tage ausstossen /
es wird auch gefunden in einen stripich-
ten Schiefferwerck in schöne latten Gengen / die mit einen blawen Hornstein vnd
Qwartzen vormischet sind / vnd an viel
Gesteinen die Blawschiefferig befunden
wird / auch in Kiesen glantzigen Gengen
sterig gediegen Golt gewircket / das die
Seiffenwerck in bruch an einander han-
gen bleiben / man findet auch in etlichen
seinen theilen / flache Qwartzflets / darinnen in allen Klüfften angeflogen Gold
gewircket / ist mit grünen greisingen / vnd
Eisen wol gemenget / bisweilen in einem
pichenden Eisenschuß / oder durchlöcherten Quartzdrüsen / doch allermeist in
greisen / bisweilen wird es in einem braunen gelben / mit Qwartze gemenget / klein
speisicht / körnicht vnd gediegen Gold gefunden / in den seipichten schieffrigen / da
das gesteine in die höhe / auff am Tage
stosset / vnd was in den blendigen schwartzen schörling gesteinen gewircket / ist alles weißkiesich / das gleicher gestalt wider

ter gradierung bedörffen. So werden etliche Goltgenge vnd Golt ertz sehr Mi-
neralisch/ Marcasidisch schweffelich vi-
triolischer art gewircket/ etliches bey
milten granaten/ schörling vñ eisen kör-
nern/ etliches graw körnicht/ lassen sich
rötzen/ etliches in den Kirschbraunẽ körnern schwartzspicht scheint/ etliches in
inen Ertz/ wie das Pulucr schwartz/ das
n scheiden gbucht scheint/ die sind sehr
flüchtig/ werden viel von Naturkundt-
ter hingetragen.

Von dem Seiffen Gold.

Die sehr alten Ertzuerer haben ein
merckliches Exempel die vnuerstendigen
zu fexiren erfunden/ von dem hinstrei-
chenden Goldwassern/ oder Seiffenwer-
ken/ nemlich/ das eine Schlange etlicher
orte der gülden Epffel hütẽ/ dieselbe in
ire verwarung genomen haben/ dz nicht
ein jeder kan dartzu komen/ das sol man
aber so verstehẽ/ das sich die seiffenwerck/
nach dem Wasserströmen vñ flössen/ als
wie eine Schlange sich hin vñ her windet

vnd krümmet/ in den gründen / aber di
vnweisen / haben es nach dem blossen
Buchstaben vernommen/ sie könten vo
der Schlangen nicht darzu kommen/al
so verstehen sie auch den Goldbaum/ di
rechte Goldwürtzel/ dergleichen die Lu
naria nicht/wie ich selber einen in Sach
sen vernommē / der gleubte nicht anders
der böse Geist hette das Gold gemalen
vnd durchaus in die Sande der Wasse
gestrewet / das der Mensch nicht solt
darzu kommen. Also glauben die Knap
pisten jrem Daniel / darinnen noch vie
Bergleute größlich jrren / daß das edl
Gold in sand des Flusses geborē werde
also auch er Zinnstein / aber es seind vn
Goldgebirge/ so wol auch der Zwitteri
gen Genge/daraus die Brunquell vn
vnd Wassergüsse/ als wie die abgeloffe
ne Sündfluth / von den Gengen vn
Klüfften / die Seiffenwerck hinnemen
vnd vrsachen/das in denselben Metallen
erbgrünten/die körnicht flammicht zei
get/ vnd Tradweis/am Gold vñ Korn
nicht am Zinnstein/auch an den Qwer-

tzei

ken anhengend gefunden / die von der Wasserschlangen also behütet werden.

Dann der wenigste theil weiß nicht wie man solche finden vnd vberkommen sol. Die Sündfluth aber hat viel mehr/ vnd das gröste theil am tage / von den Gengen hingenommen/ vnd gantz dickwerck in die Gründe gesetzet / welches in der Heimligkeit / sonst allermeist vngeachtet gehalten wird/ wie auch die Metallen von der jrrdischen Schlangen/das ist / von den Berggesteinen der Natur nach / behütet worden. Dann wie eine Schlange vor andere kriechende Thier listig ist/also ist eine weise vnd vernünfftige ausmessinge vnd nachsinnen der Wasserschlangen/ die in jhren winden vnd einschlegen / das Gold mehret vnd heuffet/ durch jhr artig zusamen flösen / gleich wie die wirckung der jrrdischen Schlangen/in jren Gebirgen vnd Gengen / die fruchtbarkeiten meisten erhelt/ So ist auch wissentlich / wann nach der Sonnen / in Sand der Wasser Gold geboren wird/wie denn gemeiniglich alle Wasser Sand führt/darauff die Sonne scheinen mus. Müste also ohne allen unterscheid/Gold gewircket/erfunden werden.

Dergleichen auch die Edlen gesteine/die dann in Goldseiffen mit gefunden werden/und die Sandflüß hingeführet habē/welches sich aber nimmer bewiesen hat/dann in einem Wasser findet man das Gold/im andern Eisen/im dritten Zinn/zum vierden Metall oder Silber/das sich doch am wenigsten zutreget/wo nicht Schweiffe von gengen gefunden/die gereichert und gediegen/etliche lachtern von den Gengen abgeschoben worden. Sonst findet man nichts sonderliches am meisten/dann glimmerichten schlich/raum/schörll und eisenkörner/die auch alleine in der nehe/von jren gebirgē abgewichen sind/und hingefüret werdē.

Also wird auch das Gold/viel flammet körniche/und zeitig in die Wasser gebracht der Seiffen/die jren flus von dem Goldgebirgen genommen haben/und im abim ablauffen zwischen der gewalt der Steine zermalen/vnd fort getrieben/als wir von dem starcken Quellen / die Flammen aber kommen gemeiniglich von angeflogerem Gold oder Talch / aus dem Querflötzen/das körnichte aus dem drüsigten Gengen / vnd latten von greusigten Qwertzwercken / welcher nach der Natur des Gold gebirges gesamlet sein/sampt iren Berckarten/ davon auch gute schleichwerck zuerwecken sind/so finden sich nicht alleine die Seiffenwerck in den fliessenden Wassern/sonderlich etlicher örte / auff den höhen der Berge/vnd durch die ebene Felder vñ Awen/ Vnd ob wol das Gold das schwerste wichtigste Metall ist/wird es doch der subtilesten weise/vor allen Metallen dün gewircket / vnnd auch durch meisterliche Handwerck dünne geschlagen/vnnd am weitestē von den Wassern verführet vnd hingeschobē/oder fortgeschwemmet wordē/welche Seiffenwasser sehr schöne anzeigunge geben / in körnichter vnd gröber das Gold darinnen gefunden wird/je eher de Goldgang vnd anbrüchen seiner Genge verhanden / je dünner je weiter von denselbigen / welches die Goldgebirge gemeiniglich weisen / vnd den klaresten Sand / vnd den schweresten schlich mit bringen / auch schöne abgelauffene Qwartzen / die etliche jhrer runde wegen Ouales nennē / mit abgeschobenē schlechten Käferlein / die da vnwissentlich vermeinen / sie sind von Natur so rund geboren / wo sie aber ecket gefunden werden / vnd Gold darinnen vermercket / als auffm gesenck zubefinden / so ist in den nahen auffgengen / das Gold gerne anbrüchig / darnach geben die haregreisigen / festen Goldgestein / auch in jhren blawschiefferigen auff schwartzdunckel Wasser Blaw geferbet / nicht allein Gold in jhren auswürffigen Sanden / auch viel schöner Cristallen / Demanten / Schmaracken / Sophiren / Amethisten vnd Granaten / sampt mancherley Geschlechten der Körner / wie auff der Iserwiesen in Riesen Gebirge zubefinden / welche seiffenwerck aber von viel wilder

Grana-

Granaten/schörlin talch glimmer/ wolvorm zwitter glantz eisenstein/ vnnd Quecksilber ertz bisweilen in jhren Sanden mit bringen/das ist ein gewis anzeigen/das sie den Goldgebirgen am weitesten sind/ vnd das Gold etlicher massen/darinnen sich röret/ aber gar nicht auff die Kost zu bringen ist/solche seiffenwerck/die alle durch die Wasser/ von jren eigenen Gebirgen/ durch einander geschwemmet sein/vnd solche Seiffen körner/ an einem ort mehr/ am andern weniger gefunden werden/geben anzeigung was vor Metallen in den negst vmbliegenden Gebirgen/ jhrer höhe zufinden sein.

Von den Flötzwercken.

Es ist auch wol zumercken/ das zweyerley Seiffenwerck aus dem Metallen benommen/ wie jhre blüten von andern Bewmen der Wind abwirfft/ also auch hierinnen die Wasser/ nemlich Röesche/ oder gar sandigte werck/ vnd dar-

 nach

nach zehe lattenwerck / welche beyde / etlicher orte / etwo dreyschichtig vbereinander liegen / in obriesten des flammen Goldes / vnd auff der genizt das meiste vnd gröbste Gold / man findet des flammen Goldes gar selten viel beyeinander / vnd die Röschwerck / arbten sich lieber vnd eher / dann die lettigen vnd zehen / auch liegen in den Röschwercken / mehr Edelgestein / dann in den lettenwercken. Vorzeiten / vnd noch bisweilen / haben die fahrenden Schüller / vnd Landfahrer / viel mit den Seiffenwercken zu thun gehabt / den sie auch der Metallen Kundschaffter / nicht allein die besten Goldseifen funden / sondern auch viel edler gestein / Perlein vnd durchsichtigen Sand / vnd Körner zu schönen Schmeltzglesern heim getragen / wie jtzt den Talch zu jhren Ziegelln vnd Capellen / etliche haben jhr Visiones gebraucht / vnd jhre Schetze widerumb vorsatzt / aber nicht darzu / sondern weit dauon geschrieben / vnd merckzeichen gemacht / das die vnerwisen von einem orte zum andern gelauffen

lauffen

kauffen sind / vnd sie desto geringlicher vnd füglicher vber jrer arbeit hetten bleiben können.

Sie haben auch die besten Bergschafften / Marcasiten / vnd die Wurtzel der Erdengewechsen / zur Ebentheywr / vnd kunst gesucht / damit die Nature zu ergründen / welche in vormehrunge der Metallen / am nehesten vorwand / anhengig / vnd zur vollkommenheit dienstlich erschienẽ / hingenomen / weil jnen wissentlich / dz solche am meisten vollkomener bey dem Golde / vnd Silbergenge zu vberkomen weren / dann in andern Metallen / da die einfeltigen vormeind / sie trügen Gold vnd Silberertz / vnd wo offt einer vnter tausenden gewesen ist / der solcher gestalt Gold vnd Silber vberkomen / hingetragen / so hat er einen Hüter darzu gesetzet / vnd vnsichtbar gemacht / etliche sind ohne gefehr jrer geschefft wegen / in solcher auswitterung vnd braden oder dunst der Metallen kommen / bis sie wider in andere Lufft geraten / darinnen sich solcher dunst zertheilet hat. Sie habẽ aber vermeint/es keme von andern bösen Geistern/vnd nicht gewust von Geistern der Metallen/die allermeist jre excrementa gifftiger weise/wo sie offene Klüffte ergreiffen/an tag geben/sonderlich bey dem Arsenicalischen/vermischten vnd koblichten Gengen/die jre flüchtige Minerall auch steinweise heraus legen/doch findet man wol örter/da auch die Spiritus der Metalln verharrē/als in schweffelichen Gebirgen.

Die Körner aber/deren sie am meistē hintragē/sind schwartzfarb/graweisenfarb/blendig/gelb/kiesig/würfflet/glantzig/tunckel/lauter/vñ durchsichtig/mehr brauchen sie solche in natürlichē flüssen/darinnen sich die schlich beitzen/königen/dargradiren vnd schmeltzen/der vmb jrer eisenmalichten wiltniß/vnd Adamantischen herte/im Fewr/die jr viel müssen vnuorarbeitet bleiben lassen/vnd also wird durch das Gold mannigfaltiger verenderung/die wirckliche krafft/verwandelt die gemeinschafft/wie mit den obern/so wol auch mit den vntern/nach vor-

vormischten anzeigungen / vnd nach dem natürlichen wachßen / vnd wie das Gold ein lauter Fewer ist / vnd alle wesen in einem beschleust. Die sonsten alle andere Metall nicht vermögen / also ist es auch schöner / sichtbarer / lichter / begreifflicher schwerer Kelter / vnd gedlegner / von seinē vnuerbrenlichen Schwefel vnd öle / aus dem andern / in das centrum der Planeten / oder mittel der Metallen / geschiedē / durch die Allmechtige krafft des Schöpffers aller wesentlichen dingen / daher dan̄ so mancherley Goldgenge entstehen / die da vber Himlische leuterung vnd fruchtbarkeit / in das Paradeis der Metallen hie auff Erden gepflantzet sein.

Das Vierde Capittel.

Von dem Silberertz / seinem Gebirge / wirckung / art vnd streichenden Gengen.

Das

DAs Silbererz wird gewircket in seinen eigenen gestein / von einer gantz vollkommenen Natur / der edelsten schönsten Erden / vnd aus den bestendigen klaren schweffel / vnd reinestē Saltzs vnd Quecksilber / welches sich in vermischung / mit krefftiger verbindung zusammen füget / also / das es wenigers grads / dann das Gold erscheinet / vnd nach dem Golde / das allerbestendigste schönste Metall ist / vnter allen andern Metallen / also / das es auch weinigern abgang ohne verbrenligkeit erleidet / vnd durch sich oder andern Metallen / aus dem Fewer gebracht / vnd geschiedē werden kan. Das jhme sein eigenes wolgeschicktes gestein / das natürliche Silbergebirge vrsachet / gleich nach dem Himlischen einfluß / vnd nachtliecht dē Monden / darumb auch in den Mitternacht Lendern / die meistē Silbergenge gefundē werdē / dann wie der Mondē zur rechten die Sonne hat / vnd seinen schein von jhr erlanget / also vnd gleicher gestalt / haben die Silbergenge vnd Silbergestein / zur rechten

rechten die Goldgenge/das also der Edlen Königin Lonaria verglichen wird / einer Wurtzel / dauon der Goldganck desto mehr stercke in seiner vermischung ein Ehegemahlin an der hand vberkommet/vnd dieselbe gebürge von jrer würtzel erlanget/auch haben die weisen sehr wunderbarliche tugenden geschrieben / vnd philosophirt / als wie sie sey eine fruchtbare liebhaberin/ nach vnserstē wesen/ ein Ehegemahln des Goldes/ dieweil nach dem Golde nichts bestendigers vnter allē Metallen ist/deñ eben jre früchte/dz Silber mit seiner volkomenheit/darum̄ auch diese Silbergenge mehr mit klarē flüssen weissen guten/vnd bessern Mineralien vñ Bergarten vmbgeben sind/dañ die Beume/darauff die Blumē/als der Roteberg schweffel/vnd die roten gelben säffte vnd zuren des edlē Goldes wachsen vñ geboren werden/ diese Silbergenge sind auch nach dē kürtzern lauff/vñ geringē schein/des nachtliechtes den Monden noch an farben derselben jren obermeinigtē Bergarten heuffiglich geblühet/vñ der höchstē

gelben

gelben Goldes farbē/ was in jren Marcasitischen kiesen / durch aus wider bringen / vnd mittheilen / auch in ein kürtzere bestendige vollkomenheit/ natürlich vnd eher zur zeitigung/ mit mehr anhengēder vormischligkeit vorsehen worden. Darumb fast alle Metallen / auch wegen natürlicher gemeinschäfft die Philosophi eine vorwandelung der Metallen/ müglikeit betrachten/vnd geben nach jhrem samen vnd krafft/ der in der inwendigen Seelen zweyerley Firmament/ einen gedoppelten Quecksilber / vnd das edle Gold/ denn man jme das Silber/zu einem Gemahl / das also ein König vnnd Königin zusamen gefüget sey/wie Sonn vnd Monden vor andern Sternē leuchten/aber wie weit solche in jrem lauff von einander sein / also weit fehlen sie auch bisweilen in jhrem vorhabenden Progressen der nature/das sie es nicht zusamen bringen/ vnd eine einigkeit ewiglich verbinden/nicht mögen.

Das Silber metallertz/ wird offten in seiner rotgüldigkeit zu mehrmahln Queck-

Quecksilbiger Natur/darumb sich auch eines mehr vnd eher denn das ander ergiebet/das man wol einen beweis vnd augenschein ereignet/das es sich mit einander vergleiche / so man jhme recht thut/nach seiner Ordnunge.

Also ist auch das Weißgülden ertz allein natürlich geferbet von dem weissen Kupfferglaß/welche die Genge/ wegen jhrer Speiß der völligen Minerall vrsachen/wie in dem Glaß ertz/allein die schwartzen rauch vnd dampff sich auffblasen vnd jrren / von den Wiesmuth Zinn/vnd Bley Gebirgen/darinnen sich die Minerall / so an die Silbergenge streichen/begierlich erquicken. Also wird auch das aller bestendigste vnd gediegenste blättig zenig vñ härig Silberertz/ von seinen aller reinesten purlautern vnuermischlichen eigenen gestein / mit veradlung der bestē stelle/mittel vnd Werckzeug sein/mehr fäll/flötz vnd mineralien geuollkömlichet / das man es als bald superfein gebrechen möchte/welche Silber ertz in seinem schönesten geschmuck negst dem Golde / viel merckliche tugenden hat / vnd nach dem hernach von einfluß der Himel vnd verwandlung mancherley geschlecht vnd arten / die Silber Gestein von den vrspringungen jhrer höchst simbolisirten einigkeit absteigen.

Demnach so führen vnnd bringen sie auch herfür / nicht allein vermißliche fälle Kammen vnd Berckfesten / Sondern auch mancherley harte / vnd wilde vormischliche Ertze / an gantzen Kießwercken / oder sonsten kupfferichen Blumen / gelben vnd schwartzen Ertzen / wie man auch eines vor dem andern an Naturen / gestaltnissen vnd farben findet / das eines herter / milter / schiefferiger / breyter / schmeler / weisser blaufarbiger gewundener / stripichter vnd geschmogner denn das ander ist / mit seinen kleinen / vnd grobspeisigen Eisen bestehen / talch glimmern / am Gengengestein / fällen / klüfften vnd geschicken / sampt seinen flötzwercken / jedes nach seiner art / frucht vnnd gelegengeit an seinem

nem eusersten mittel vnnd anfengen genaturet.

Als dann so werden dieselben Silberfrüchte / nicht auff einen baum sondern vngleicher gestalt / nach jhren Geschöpffen mancherley gefunde / eines gediegner vollkomlicher schöner glasieger / glantziger / kiesiger / Choblichter / speisiger / weißgüldiger / Hornsteinichter / Eisenschüssiger / Wießmutlicher / Quertziger / melbichter vnd Bleyschweissiciger / zum theil gekörnt im letten besteck vnd greusen / auch in Klüfften / an Ruffenwercken / darnach vornämlicher harten arten / an Qwertzen / Hornsteinichten Spatten vnd Flössen / grawfarb / gentzkötig / ausgesogen / durchlöchert / die in jhren Schweißlöchlin der wachsenden hertung offen bleiben / gleich als den leuchten sünder schlacken / etliches härichtSilber somilte / dz es wie Wachs auff oder vber ein liecht abgeschmeltzet / etliches im Qwartzen vnd Hornstein / das es im glüen wie ein Weißmuth ausspreiset / So wird solches Silber

Metall ertz viel eingebracht / den besten gediegen Kupfferbley vnd Wißmuth Gebirgen / die noch safft vnnd Jüren / jhrer Mineralischen speise / auff jhren Gengen vnd Berckarten sich wol vergleichen / es wird auch wol gediegen Gold / Silber vnd Kupffer / an einer stuffen / wie zu Kronach befunden. Also ist es auch in den edlen ardigen vnd vermischten Kalch gesteinen / Bley / Eisen vnd Kupffer ertz / an einer stuffen / vnd auff einen gange zuersehen / nach jhrer vereinigung / vnd wie man offtmals auff einem Gebirge Silber ertz / auff dem andern Berge Kupffer ertz / vnd aber an einem andern Berge Eisenstein befindet / solten denn an den Gebirgen vnd Steinen nicht merckliche vnterschiedligkeiten von nöten sein / welche die Natur aus Gottes einbildung / so herrlich vnd wol den Bergleuten vor die augen zuerkennen giebet / wie auch etliche Silbergenge in jrem natürlichen eigenē Zechstein / entweder im hangenden oder allermeist in liegendē / fürē / da auch vornemlichen alle Silbergenge / mit einem blaw-

blawgreisigen besteck oder blumen in drůsigen flössen eingetröpffleten spatten vnd schillerichten Kießwercken führen / das also die Silbergebirge / sampt jhren Gengen wol zu erkennen sind / vor andern Metallgesteinen vnd Gengen / vnd einem jeden Gebirge / durchaus fast mit einerley Bergarten / als was der Heuptgang in seinem mittel vorbringet / desselbigen die andern in gemein sich auch verhalten müssen / nach dem Sprichwort / An jhren Früchten solt jhr sie erkennen / das ist nicht alleine auff die Menschen / sondern auch auff die Geschöpffe der Metallen / Thier / Bewme / Kreuter / Fische vnd dergleichen Creaturen / in einem so wol als in dem andern.

Also werden auch dieselbigen Genge vnd Klüffte / mit schönen lieblichen schweffelfarben / gelb vnd grün beschlagen / wie die jungen Genßlin auff grüner Awen / daher auswerts gehen / vnd jhrer Metall Gengen vnd Klüfften / mit geraden schönen bahnen der absetzung formiret/gleich abzunemen an den Haaren vnd Wollen/so die Thier vnd Menschen tragen / dann je schlechter / je einfeltiger / je krausiger/ je bestendiger/vnd viel sinniger. Also auch mit dem Silbergengen / je mehr sie mit flachen / oder gewundenen bahnen der Klufft gefunden werden / je weiniger sie bestendiger Ertz in sich gewircket haben/ dann jhre Pores vnnd auffgethane schweislöcher / dadurch die fruchtbarkeit zuganck haben sol/ sind in solchem Gestein zu hart zugeschlossen/ auch bund krauß/ vnd wollen jhren eigenen willen nach / nichts fruchtbarlichers erleiden diese Genge der bestendigen Silbergebirge / führen auch vornemlich aneinander drey farben / nach dem Regenbogen / da jmmer ein farb harter oder milder/ dann die ander ist / durch die Natur gestraticret vnd eingewircket worden/ auff den stehenden Gengen / vnd doch auch auff den flachen / sonderlich am reichsten / wo sie durch einander fallen / dann die Natur würcket vorsich tiglich vnter sich vnd vber sich ter sich gar ordentlich / bis in die Zahm ärden / vnd wie man offt findet dreyerey stralen / von vnterfallenen Gestein vnd latten / so werden auch offtmals gefunden dreyerley arten von Kießglanzen vnd Wißmuth / da jmmer ein art vor der andern kleinspeissiger vnd darber ist / zusammen verbunden / zur anzeigung / das sie sich je mehr füglich ist gehorsam / als in jre recht würgliche gefeß / der drey theil anfang / mittel vñ ende auch williger verglichen haben. Etliche sein auch kleinen bleyschweissigen drüßlin gleich / milten durchlöcherten marck / oder Hirschhorn bein / daraus die fettigkeit / innen ist / vnd das marck durchtröpffiet / oder als ein Harnisch aus poliret / etliche sind saltzwartzs / gleich mit getriebenen / ausgespitzte flössen / vnd artig lieblichem gewechsen / vnd wie solchen nach dē Silbergebirgen / mit jren Gengen / nicht allwege gerade vnd eben fortstreichen / sondern wie eine Schlange sich hin vnd her windet / beugen vnd schmiegen / also fallen / vnd werffen sich vor dem schmiegen auch offtmals die breiten zwischen fäll / an kammen oder feulen / daran sich die Ertz stessen oder absetzen / das man meinet / man habe ein ander Gestein vnd Gebirge antroffen / das seind aber nur verführer / die da die Bergleute zaghafftig machen / als streichet das gute Gestein nicht weiter / wer es aber nach wahrem verstand weis vorzubringen / der kompt wieder auff die rechte seiten / da sichs Gestein vnd Ertz / wie vormals / wider befindet / da mus man sich nach der Gestein streichen / zu richten wissen / zu deme die Compast stunden weisen / wo hindurch zu fahren / in gleich wie andere Bewme auff Erden / inwendig ein Moder oder Kern haben / darnach das Holtz vber die Rinden tragen / als sind etliche Silbergebirge / inwendig mit einem miltern Gestein / darnach mit Kammen der Bergfesten / vnd endlichen oben mit sondern Gesteins fallen vnd arten vberzogen vnd bedecket / welche offtmals ein vrsach seind / die Genge mit dem Ertzen zurücken vnd zutrucken / vnd die also jtzunitzunder dieses orts haben jhr noth erlit-ten / die werden an andern örten vnd Gebirgen gewaltiger / vnd andere fäll / flötz widerdringen vnd nöten / das also immerdar ein widerwertiges das andere zwinget vnd suchet / so lange darunter auch seines gleichen vberkompt / wo auch die Qwergenge gewaltiger würden / behalten doch allwege die einheimischen Genge den vorzug vnter den fremden Gengen / haben nur so lange macht / wirckliche fruchtbarkeit an sich zu nemē / bis sie aus den Einheimischen Gengen mittel oder vierunge kommen / vnd wieder aus derselben Gestein setzen / da die Heuptgenge / oder einheimischen / für vnd für in jhren natürlichen vnnd fortstreichenden Gestein verbleiben / vnd einer näher der ander weiter am mittel gelegen / vnd die weitesten die geringschetzigsten / vnd schargengen vor den quergengen zu treglicher. Weil aber viel Gebirge / die mehr quergenge / vnd wenig schargenge haben / so ist abermals von nöten sich nach andern anhengenden

Bergwercken wol zu richten / am welchen ort der Gebirge viel Quergenge / ober die einheimischen Heuptgenge setzen vnd streichen / als wie die Platnergenge / zum theil / ober das aberthamische Gestein kommen / wie denn gewißlich / das die Stein an einer Refier mehr Quergenge / vnd an einem andern Refier mehr schargenge haben / die doch beyde die Heuptgenge gewaltig vor edlen / vnd mit reichem Ertz begaben. Ob sichs wol in einer massen zwo oder drey gleich vnartigen fäll wegë absetzen thut / so ist doch gar gewiß / vnd zumal gut / auff den Heuptgengen für vnd für / weil man sie gehaben kan / fort zulengen / vnd wie nun die schargenge / die Heuptgenge / gleich als in jhrer besten ruhe erschleichen / das sie sich nicht zertheilen vnd zerstossen / sondern viel Ertzs vrsachen / also thun die Quergenge zu rücke / wo sie vbersetzen / den Gengen Ertz machen / die auch sonsten wol an jhme selbsten / bloß sein vnd bleiben. Also auch beyde Genge / einander wirckliche vnnd vnwirck-

...lrckliche fürderung thun. Das sie de... h gewaltiger Ertz bringen / darumb ...an die Heuptgenge / Schargenge / ...reutzgenge / die flachen vnd stehenden ...nterscheiden kan.

Vnd die sich hin vnd wider stür- tzen / die man alle nach einer gewis- n abtheilung / aus jhren anfechtungen n die örter der vollkömlichen früchten / rtbringen / vnd zu entblösen auorichten in. Welches die Rutten nicht weisen / da jhr gleich das Ertz vnd Metall nhenget / also vrsachen auch offtmals le schmiegen / das die Heuptgenge so leich in jhrem einheimischen Gestein rt streichen / doch an einem orte / nicht le am andern gleich vnter sich fallen / ndern flacher / vnd sich in die fernen eichwol wider richten / vnd gerade nter fallen / das also wechsel in n Gengen gefunden werden. Das weilen die stehenden / bisweilen die lachen Gengen vberhand / vnnd jh- n vorzug behalten / sonderlich diese Gestein /

Gestein / so mit eitel latten gengen be-
haffet sein/die allein gedieg? schlich werck
von Silber / in jhre latten vnnd greisch
bringen / vnd in grosse teuffe bestendig
bleiben.

Es giebet sich auch offtemals / das
Qwergenge/mit blossen frischen Berg-
arten/durch das gesteine vbersetzen / die
an jren wilden roigkeiten keine wirckung
annemen wollen / vnd ist doch nicht
deste weniger Ertz angeflogen/ in hangenden oder liegenden der Gestein/neben
solchen Gengen / das ist ein anzeigen
das sie frembde genug sind / vnd der an
wenig zu hoffen / bis man solche wol in
jhre rechte ordnunge der Metall geschick
bringet / Mancher art zertheilen sich
auch die Genge von einander / aus den
vierunge kommen / darauff die Bergleute dann kiesen / auff welchen sie bew
hen wollen / so treget sichs gemeinigliche
zu / das trumb in liegenden das beste ist
darauff Ertz bricht / vnd bisweilen stützet
sich das andere trumb in hangenden / wider in die tieffen darzu / vnd das ande
Gestet

Hestein darzwischen/keilet sich aus/das
also vnter sich der ganck widerumb bey-
nander gantz / vnd als dann viel Ertz
zu pflegen brechen thut / die Stolln aber
sind vornemlich nütze Gebeude den
Silbergebirgen / man erreichet auch
sehr Genge/ dann in sincken / da man
sten vngefehrlich einen ganck ersincket/
ist derselbe ersunckene ganck/ mit einem
ogekempffe/ vnd wider in ligenden oder
ningenden / wann sie gleich beyde Ertz
fhren/ rücken sie doch an einander/ das
ngesprenge wird/ den Schacht auff ein
nder seiten zu richten. Wo nun die
Stolln / auff jhren Heuptgengen fort-
etrieben werden / so viel ist es bequemli-
her vnd besser/ das man auch die Quer-
enge so weit fortbringet/ bis aus jhrem
ittel/ oder von einer andern seiten zu
lben ende der vorgebirge / das dann
weiter nicht nothwendig zu bawen/ man
wolte dann mutwillige Vnkosten ma-
hen.

Der Gengen vrsachen aller / warumb sie nicht gut thun wollen / kommen
daher/

daher das man vnweißlich vnd vnwissenlich in den anfengē oder enden der gestein / sich zu weit hinaus verweilet vnd suchet darinne das Bl ck meulen vnnd blicken der Ertze / je viel verzühret / wann sie nicht nachlassen.

Darumb hoch zuschatzen / ein embsiges natürliches sehen / in die vollkomene theilung der Gestein / da ausserhalb nichts zuuerbessern / das ist ein gewiß vernünfftiges bawen / in den zueigenen der Natur / vnd in der Ziehestat des anbeginners / der die früchte des Ertzs / als ein Kind in Mutterleibe / vnd eine wolgekochte Speiß in einen guten Magen geboren / vnd gedeutet wird / erhalten hat Damit auch für vnd für mit gutē Raht / vnd wissen die Bergwercke in wirder ganckhafftig erhalten werden können Ob sie wol auff einer andern Herrschafft gründen vnd eine and re reinung einnemen / so behalten sie doch ihre Gerechtigkeit / vnd lassen jhnen keine andere ordnung / vnd maß einsprechen / dann die der vollkommenen widergeburt / ist die

voll

vollkomliche / wirckliche verbindung wer Ertz / aller Metallen verschlossen / vnd genaw zusammen gerücket / sonderlich wo sichs offtmals zutreget / das sich ein Ganck theilet / darzwischen sich ein gemischt Stein leget / darinne die Genge bloß werden / bis man wieder sein recht gemerck am Tage fürbringet / darwider der ander halbe theil / in seinem mittel viel Ertz auff den Gengen giebet / das also ein Ganck zwey mittel vrsachen / auch haben gemeiniglich alle Silber Genge vnd Silbergestein / schöne Klüfftlin von Kalcksteinen gemildet / vnd ein ausschlagen des Salpeters art / gleich aber am Gestein sind etliche eben schiefferig mit greusingen Qwertzen auff Wasserblaw geferbet / tichtschiefflick vnd grob klüfftig / etliche subtil schiefferig / vnd klein klüfftig / etliche flach gewunden / schiefferig mit Granaten Blumen / etliche sprenckleter vnd spiesiger / Qwartz schiefferig / etliche Kalcksteinicht / etliche mit durchlöcherden saltz Qwartzen /

etliche

etliche mit groben flammen / etliche mit kleinen flammen / wie die Fischschuppen / oder Talch glimmenden flötzen / etliche greisig vnd greusig / mit klein glitzerden Schüplin / die alle mit einander eins vor dem andern wol zuerkennen sein / an jhren ausgehenden streichen vnd fällen / sampt jhren Kammen / farben / feulen vnd flötzen / wie sie in einem jeden Gebirge besonderlicher art fürfallen.

Das Fünffte Capittel.

Von dem Kupffererz / seinem Gestein / wirckung / vnd streichenden Gengen.

DAs Kupffererz wird gewircket in seinem eigenen Berggestein / von guten reinen Quecksilber Saltz / vnd von vberhitzigen brennen vnd vnreinen Schweffel / von welcher hitze des Schweffels / durch Himlische Impression / durch das gantze Metall / in allen seinen theilen roth geferbet wird / nicht

ga

... ar von vbriger feuchte entbundẽ in vergleichung Veneris mit dem Marte/
wann sie einander sehr nahe befreundet
sind/ dieweil sie jhre Wohnungen vnd
Heuser an einander gesetzt haben/ derhalben eins in das ander leichtigst zu-
verwandeln/ dieses Metallertz wird viel
in schiefferigen flötzwercken/ das grün
kiesig ist gewircket/ offt in einer braunen
verwitterten Erden gediegen in Klüff-
ten/ als ein mahl befundẽ/ vnd also Kalck
weiß in schwartzen vnd gelben schieffers
wercken ersehen/ auch körnicht in grünkiesigen gengen/ auff zweyerley arten
ganckhafftig vnd flötzweiß/ eines teils
mit mancherley braunẽ arten/ stein kölig
vnd grün beschlagen/ etliche lasurig/
kupfferglesig/ kiesig vnd eisenschüssig/
oder mit einer weissen Speise. Das
Kupffertz in Gengen/ ist offtmals reich
im Golde vñ Silber/ nach deme es mit
einem ardigen Zechstein vmbgeben/ vnd
mit ganckwirdigen gestein verfasset/ do
in seiner nähe nicht Eisen/ Zinn/ oder
Bley daran grentzen/ dann diese Metall

mit andern Mineralien jhm fast schedlich sind/ das sie verletzet/ vnd geringhelstiger werden/ an jhren würtzlichten anhengenden Bergsäfften/ so ist das Kupffer ertz in schiefferwerck mit viel tauben Gebirge vormischet / welches durch schlechtes schmeltzē/ das Kupffer schwerlich heraus gebracht wird/ So giebet es auch viel Eisen / vnd vnzeitige Kupffer Speiß / welches die Kupffer im rösten sehr raubet vnd vngeschmeidig macht. Aber die gewinnreichsten Kupffertz an Gold vnd Silber / findet man in Orient / in Hungern/ Böheimb vnd Schlesien / desgleichen auch in Meissen/ Düringen / Hessen vnd Voytlang / haben viel Eisenschüssiger Kupffer ertz vnnd Schiefferwerck. Solcher arten findet man vmb Trautenaw / darinnen es allenthalben flötzweiß bricht / mit einem Sand ertz im liegenden/ vnd was ganghafftig / bricht in Schiefferwerck / oder tufftstein / das nennen sie Klüfftschieferig / sind arm am Silber / vnd dieselbigen müssen alle geröstet werden

Al

In etlichen enden bricht es gantz rein kawschillericht vnd braun/ Kupfferglásig/ mit einem Berggrün/ zu weilen weißgoldig/ das nennet man weißkupffer ertz/ wird aber weiß nach wircklicher vormischung/ dieweil es in seiner voreinigung viel Bley vnd Silber an sich nimpt/ so bricht es auch gilbig/ vnd lasurig grünkiesig auff flötzen vnd schwebenden Gengen in Kalch vnd Tufftgesteinen/ also bricht es auch blawschillericht/ Kupfferglásig/ vnd kiesig in grossen mechtigen Qwertzgengen/ in roten vnd braunen Hornsteinigeen gengen/ die mit einē weisen Spad vormischt seind/ geben sie reichlich vn̄ wol Silber/ in grün schiefferigen gesteinen/ die gantz klar/ vnd derb sind/ werden viel Berggrün/ ffuriger genge gefunden/ die Gold vnd Silber geben/ vnd in denselben schwartz tunckelln Kalchgesteinen/ ligt es derb grün in den Klüfften vnd offenen Drüsen der genge/ wie Laubfrösche/ etliches pöckelt vber einander seltzamer arten/ vnnd lustiger farben gesundert/

welche stuffenwerck nur halben abganck erleiden / in solchen gestein hat es viel glantzige Klüffte/von spaad vnd weissen Ederlein/darinnen eiglichter gelber Kieß ist eingesprenge. Alle Kupffer gengе / die viel Silbers geben / haben wenig Blumen / sind derber vnd wichtiger gestalten/brechen mechtig Kiesig vnd rotglasig/ grünschillericht/ mit gelben blüten / als in Goldkiesen / vnd die schillerichten Kiese sind sehr mit einem weißgüldenen Spaad/beyneben der Qwartz genge vnd gestein grün beschlagen. Es findet sich auch reich Silber haltende Kupffer ertz/weißkiesig/ vnd nicht weißgoldig / nur sonsten einer weißscheinenden vnd spießglasiger arten gewönlich in dürren hocken schiefferigen Gebirgen / daran etliche mit Eisen/vnd Wießmuth arten/ oder mit dem Zinnstein vermenget sein/an etlichen Gengen wird an seinem gehenck des Berges grünkiesig Kupffer ertz / auff dem andern gehenge des Berges reiner Eisenstein/ alles nach art vnd Natur der Gebirge.

Vnd

Vnd ist vornemlich wol zu mercken/weil die Kupffer ertz gewönlich einē vnreinen vormischlichē schweffel haben/das sie sich gerne zu den vntern Metalln einlassen / vnnd sich in jhre gestein vereinigen/ darumb die grünkiesigen kupffer ertz/so in dem dürren bleyschieffe- igen Gengen einen schwartzen molben führen/sind Mineralisch/vnd gar nicht Silberisch/oder reichspeisig/von vnzeitigen Eisen/ vnd vollkomenen Kupffer ertz beschlagen/ oder vnbeschlagen / so e mechtig vnd ferner abgesundert sein/ von dürren Mineralichen Schieffern vnd reicher am Gold vnd Silber/ darnach die gestein ein gutartig Gebirg einnemen/ denn sie streichen gerne an die Gold vnd Bleygestein/oder Spießglasigen Ertzgebirge/so wol als auch an die Eisen vnd Silbergestein / So findet man auch sehr kiesige mechtige Genge/ die Muneral safftig sind/ von victrioll vnd Salpeter schweffel / ein theil von Allaun schweffel vnd Federweiß.

Die haben die besten vnd allermeisten Kupffer genge/die am wenigsten mit andern Metallen vermischt/als da sein/ die Kalch vnd Tuffstein / darinnen die schwartzen flötz vnnd Schieffergestein brechen / seind grün beschlagen / milter art / wie vmb Eißleben vnd Mansfelt/ dieselben Bergleute nemen ire vnterschiedligkeiten sehr hübsch vnd fein / nach der Natur/dann der öbertheil vnter der tham Erden / nennen sie feule / darinne auch die rechte Erden ist.

Darnach kömen sie auffs Gestein/ das nennen sie Tagwerck / Dann es decket die andern alle/vnd das wird gern zu stein. Das dritte daraus sie kommen/nennen sie Nachwerck/ denn es lest sich leicht nacheinander auffheben / vnd ist rein/darnach kommen sie auffs Lochwerck/das man löchern vnd setzen mus. Welches ist das harte Gestein / das brechen mus/ darnach kommen sie auff der Schieffer / vnd zum letzten vnter den Schieffer / auff das Sand ertz / wiewol es auch bisweilen am Lochwerck ist/ober den Schieffern angewachsen / vnd nach

alle

...len kommen sie wider auff den Latten/ ...ernach ligt auch der Schieffer/ vnd d... ...ichste Kupffer ertz am Silber / brechen ...uch auff Qwertzen oder Hornsteinich... ...in breunlichten Gebirgen/ die sonder ar... ...ige Silber vnd Goldgenge haben / da... ...unter findet man mancherley gestalten/ ...vie ein jede zuerkennen ist.

Also in Hungern vnd Kernden ge... ...en jhre Genge die allergeschmeidigsten ...upffer ertz/ welche man thewer vnd lie... ...er bezalet / als die sonsten im gantzen ...Europa brechen / das kompt daher / das ...olche nahe / bey den Gold vnd Silber ...Gebirgen gefunden werden. Vnd das ...ich derselben Speise in mehrern subtilen ...einigung befunden / dann jhre erhalte ...Mineralien sind bey den vollkommenen ...estendiger / das sie sonst vnuolkomme... ...ner bey geringern Metallgengen sind / ...vnd wo man der Natur mit guter vor... ...etrachtung nach ahmen wil / wie es die ...alten erfahren vnd probirt haben.

So würde man einen gar merck... ...ichen vnterscheid finden / vnter dem schweffel vnnd Mercurio Ertzen/ so von Gold vnd Silbergebirgen / vnd doch zum theil von den Kupffer gebirgen her kommen. Dann es sey Metall oder Minerall / so hat ein jedes seinen sonderlichen Marcasiten Kießart/natur vnd wesen / die allein Berggrünicht/ gerne am Tage blühen/vnd bey andern Metallen brechen/jhre Gestein aber sind allermeist schiefferig/fast dē Bleygesteinē gleich/doeiner herter/milder/grob vnd kurtzschieferiger/grünlichter/ greusiger gewundener/ vnd widerpursiger / dañ die andern sein/so bund wie die Erne Schlangen in der Wüsten.

Das Sechste Capittel.

Von dem Zinn oder Zwitter/ seinem Gebirge/wirckung/ näbeln / stöcken / fällen/flötzen/ vnd streichenden Gengen.

Das

DAs Zinnertz oder Zwitter wird gewircket in seinem eigenen Sandgestein in vergleichung Himlischer einfluß den Jupiter / am schwartz tunckler/vnd brauner Purpurfarb/grauwicht vnnd schwartzscheinende / von einem Quecksilber saltz / vnd wenig vorbmischlichen schweffel/ damit vntermenget werden/vnardige grobe schweffeliche braden / die sich mit einander einleiben vnd verbinden / zum Metall Zinn / von welchen vnardigen braden / ein jgliches Zinn/starckreichende/knirschig vnd brüchlichst ist / also / das es auch alle andere Metall / darunter es geschmeltzt wird/ vnartig vnd brüchig macht.

Solcher Zwitter ist auch Trinus Magnus genant/ vnd mit dem geringsten Metall eines vnter den sieben / vnd er bricht auff dreyerley arten vnd farben/ Nemlich / ganckhafftig / näblicht vnnd stückweise / er hat auch dreyerley Wildniß/als schörll kieß/vnd Eisenmal/darvon er hartwerck giebet / vnd vornemlichen farben / als schwartz / kirschbraun

 vnd

vnd gelb / solche Sand vnd Zwitter gebirge haben viel mechtiger / gewaltiger / breiter / stehender genge / vnd flache in sich beschlossen / die sich am tage mit Zwitteren erzeigen / etliche geben ein reich gut mahlwerck etlicher Kieß muß gebrend werden / etlicher wol form Talch oder Katzen Silber / welches des Zwitters nahrung ist / darinnen er sich gerne auffhelt / etlicher bricht sonsten glimmerig / vnd Eisenmalig / so streicht auch einer in ein fester Gestein / das man fewern / vnd setzen mus / der ander in ein milter Gestein / das er fast selber herein schwimbt / so ist einer auch reicher denn der ander / welcher rein vnnd graupen weiß bey einander bricht / vnd die natürliche wirckung zusamen heuffet / der verlehnet sich am besten / vnd also / weil der Jupiter sein mechtiger Herr ist / so hat er auch einen grössern Stuel / das ist ein grosses gewaltiges Gebirge / daraus macht man Zinn mit hauffen / weil er auch solche Natur vnd eigenschafft an sich hat / das er gemeiniglich heraus an

dem

dem Tage blühet / geschiebe vnd Seifenwerck von sich stosset / dauon die Beschwerck der Zinnseiffen herkommen / durch die Wasser der Sünd erwecket / vnd von dem belustigten wolthaten seiner lieblichen früchten / des milten vnd gütigen Jupiters / der gesteine hingeschoben / vnnd fort gebracht. Daß der Zwitter wechst nicht im Sand der Wasser / vnd vber das ist er mit seinem Leibe fürder gerücket / vnd gesessen / als aus seines Stuels sitze / auff den Fußschemel / machet jhme zweyerley Herrschafft / vnnd reimet jn ein / das er grentzet / vnd reiche auch in den Schieffer / vnd andere Gestein / so vmb jhn herumb liegen / das also sein gewalt gemehret wird / in welchen dann auch nicht weniger / sondern viel auff blendigen Gesteinen / Fällen / Flötzen / Gengen vnnd Geschicken / vnd Klüfften / die sich an einander lehnen / vnd zusammen fügen / offtmals gewaltiger Zinnstein gewircket wird / vnd das es in denselben seinen eigenen

Sand

Sand/ vnd schiesser vnter sich einleget/ vnd im sincken sich ringert / so kommen doch andere Näbel/als die Gewülcken / die zu allen seiten widerumb herein schiessen / das er nachmals so gut bricht / als er zuvorn je gebrochen hat. Denn er hat diese güttige Tugend an jm / das er keine Herberge voracht/oder verüberlest/ Sondern wie arm vnd vnansehnlich das Gestein / dis orts rot braun/ frisch oder faul / breit vnnd schmal ist / so erücket / schmücket vnd vntermenget er sich hinein/ vnd lesset sich nicht heraus treiben / sondern er macht sich grob/ klein/ groß / milt/ zäm/ subtiel vnd geschmeidig/ wie man sein begeret vnd haben wil/ vnd das alles natürlich / das er ist abrühriсh zu finden / er grentzet auch gerne in die Silber vnd Eisengestein/ das Zinn vnd Eisen verbunden sind eines gewaltigen bestendigen Silbers oder Kupffer ertzes / doch alles nach anzeigung der gemercken zu finden vnd zu erkennen / das Zinn ertz ist alles adelicher / geschmeidiger vnd besser/ nach deme es ferner von

den

...en Kieß gengen gefunden / oder weni-
...ger / mit eisenmall vormischt wird / son-
...derlichen mit kupfferigem Gestein / der
...schwerlich im brennen kan geschiedē wer-
...den / dauon es hardwerck / vnd nicht jnnen
...schönen Spiegel gewind. Darnach ist
...licher so milde / das jme im setzen oder
...euern / auch in reyten vnd brennen jm-
...merdar etwas abgehet / dann wie die
...Kiese vnnd schwefflichē materien / die
...lüchtig / vnd jre vberhitzige fewer nicht
...rleiden wollen / so setzen sie einander von
...em Metall Zinn / mit sich hinweg / das
...rkennet man an den weissen / dicken / rau-
...chen / der Röste / denn es gehet so schlecht
...nicht abe / man röstet sie offten so hart /
...umb der Pocheisen willen / vnd gehet
...mannichen darkegen / wieder so viel vnd
...mehr am Zinn hinweg / das er jhr
...noch zweymal so viel erzeigen könte / vnd
...wundern sich / das sie so genaw offtmals
...usamen rücken / da doch vielmal werck
...mit guten Zwittern gewonnen / vnd her-
...aus am tage gefördert werden / der taube
Wasserkieß ist im brennē nicht so scheds-
lich /

lich / als die Minerall vnd Metall kiese / die halten sich lenger auff mit raubigkeit im Fewer / da der Wasserkieß leichtlich vom Fewer geeschert wird / also / das er auff dem Planen heret / mit dem Wasser von Zinnstein hinweg gehet. Das Zinnertz wird etlicher ört ganckhafftig / welches sich fürder in ein ander gestein flötz weiß einrichtet / vnd wie ein geschütt Werck beyeinander lieget / das vrsachen viel Ruffenwerck in den Schieffer gesteinen / als wie die Ruffenwerck der mennige / noch im Sand einen Stock Zwitter zu wegen bringet / dauon die Genge zerrüttet / vnd alles durch aus mit vmbgebenen anhengenden Gesteinen / zu Zinnertz wird / es sey dann viel oder wenig / nach grösse der Gebirge anzutreffen / die grösten vnd mechtigsten Zinn gebirgen ist ein vngemeiner Sandstein / denn nicht alle Sandstein Zinn oder Metallen führen / noch die Seiffenwerck von sich geben / als wie sie sich in den Metallischen straricren / vnd darzu wircklig ist / vereinigen last sen

n. Darumb in solchen fällen / etliche
chmale geschick Auffenwerck seil vand /
üffe gefert vnd geschicke / sich offtmals
on gediegenē Zwitt:rn / vnd Zinn grau-
en sehen lassen / die sich am Tage er-
eichen / Denn so man solchen nachbawet /
un solche je mehr je weiter vnter sich
uff vnd ausbreiten / bis so lange sie das
antze gestein einnemen vnd vberfangen /
as durch gantze Sandgebirge / Reimer
witter vnd Zinnertz bricht / vnd ist jme
ine sondere grosse mechtige Handrei-
hung / wo das gestein an jhm selbst artig
on etlichen fällen zwischen den Sand-
estein vnd Schieffern / dann die voll-
ommene wirckung hat darinnen ein-
anck vnd nahrung aus frembdē anhen-
enden edlen Metall gestein / natürlich
nd besser zu solchē zinn Metall bequem-
chern vormehrenden krefften / da auch
ernachmals viel vmbwechsel gefunden
erdē / an guten nebeln / stöckē / vnd schwe-
nden gewülckē vmb zubreiten blick vber
ch / vñ vnter sich zur würtzligkeiten / der
öcke / Zinn ertz vollkommenheit sich
bege-

begeben / wie die guten Speisen in eine[m] grössern gesunden Magen/grosse kreff[te] erfüllen/vnd gute teigligkeit bringen/al[so] so ist es auch in jhrer kochunge zuuerst[e] hen/das sich solche Zwitter nicht verlie[h] ren können/Er wird auch mehrers theil[s] faul vnd arm/ in faulen Schieffern ge[-] wircket / das man alles zu breiden blic[k] für die Buchwerck führet / vnd einsetzig vber drey oder vier Centner nicht geben die mennige treget es wider/wo nicht viel vnkosten auffs Gewinnen gehet / vnn wird auff die kost vnd vberschuß wol ver[-] arbeitet / er wird auch bisweilen in der Bleyschieffer gewircket auff streichenden Gengen/welche mit viel tauben Granat[en] ten vnterwachsen sind / die auch noch sandige Zinn gebirge/ neben sich an der seiten führen / so man darauff acht hat. Vnd von des wegen wie das Bley gere[-] ne sein Bley weiß giebet / vnd nicht ver[-] bergen kan/seinen weissen Rost/als wir[d] der Zwitter oder das Zinn ertz in solchem Schieffer/auff den Gengen weiß erfun[-] de. Die Granaten schlich aber mit flüch[-] niger in Wasser dann der Zinnstein auff ihren einheimischen Gengen / vnd deswegen/das er nicht kiesig noch vnardigkeit erlanget / wie dann die Bleygestein zum theil wenig kieß vrsachen / so giebet solcher weisser Zinnstein das schönste / flessigiste vnnd geschmeidigste Zinn. Diese Heuptgenge geben jhre Zwitter nicht dieff am tage hinweg / dann vnter sich ist nachmals Bley / Silber vnd Kupffer ertz auff solchen Gengen zuvermercken / vnd in jhren Bleyschiefferigen fallenden zugewarten / daher geben auch alle Seiffenwerck das schönste Zinn / weil der Kieß auff allen Metallen gengen / zum tage nicht hinaus Gewircket / vnd die Sündfluth nur das reinste oben abgezogen/vnd hingeführet / auch werden bisweilen dieselbigen Zinnseiffen sehr gemehret / vnd mit schörling Granaten Kieß vnd Gold/oder Eisen körnern / so menget sich der Zwitter gerne vnter das Eisenertz / das man jm offt in schlichwercken Magneten mus / vnd die alten Bergleute haben sich sehr auff die Seif-

 fen-

fenwerck beflissen / vnd keiner sonderlichen gemerck der Genge vnd Stöcke vorgenommen / von denen die Seiffenwerck herkommen. Vnd ob wol nicht alle / der Natur nach / darauff mercken / so dencken doch etliche der erfundenen Bergarten / die jhnen auff den Silber vnd Zinn Gebirgen zuhanden kommen. Darumb der vnterscheid des Sprichworts / Es ist kein Bergwerck so gut / das nicht habe einen Zinn oder Eisern Hut. Vnd wiewol der Zwitter mehrers theils gelb / auch schwartzbraun am meisten anzusehen / so giebet er doch weiß Zinn / gleich wie die gar schwartzē Küe weisse Milch / es wird auch grawer vnd weisser Zinnstein in den Seiffen gefunden / zum theil durchsichtig vnd tunckel / als ein Demand / der ins Glaß schneidet mit seinen Spitzen / vnd viel wunderbarliche gleichformige vermischung nimpt der Zinstein mit den Metallen an sich / vnd aus dem anhengenden seltzamen geburden der Seiffen körner / welche die vngeübten Seiffner / vnd denen der Zinnstein so gar genaw

nicht

ſchet kendlich vnterſchieden / mercklich jr-
t machen / das ſie bisweilen viel Zinn
u ſchmeltzen führen / aber wenig daraus
nachen können.

Das ſiebende Capittel.

Von dem Bleyertz / ſei-nem Gebirge / art vnd ſtrei-chenden Gengen.

DAs Bleyertz wird gewircket in ſei-nen eigenen Geſtein / in verglei-chung Himliſcher Impreſsion er ſchwertz vnd kelte des Saturni / aus ngeteuten wäſſerigen Schweffel / vn-einen Queckſilber ſaltz / vnd von weni-gen Schweffel / der durch ſeine ausge-witterte hitzige braden des Queckſilbers -dchet / zuſamen gerrende / in ein Me-talliſch Corpus vnd Bleyertz / wie ſol-che mit einer ſchwachen vorbindung ver-iniget werden / alſo wird auch das Bley im Fewr leicht verzehret / vnd hinweg getrieben.

Erstlich wird in gemeine ein früh-brüchig ausschimiger Bleyfarb in ertz gewircket / das nennet man glantz / das bricht in vielen gesteinen / reich am Gold vnd Silber / geben grosse bestendige Bergwerge / dann etliche Bley gestein sind sehr breit / dann die glantzigte Ertz darinnen vermischt werden / mit Kieß oder Marcasiten / zum theil gläsig rot-goldig / weißgoldig / Silberisch / Kupf-fergläsig / vnd Kupfferig / etliche Bley-ertz werden graufarb / weiß durchsichtig / als ein geschossener Porras / etliches dem Steinsaltz vnd Allaunen gleich / etliches grün / tunckelfarb / gleich dem grünen flössen / die in einer gelben oder leimfar-benen schlam greusig ligen / etliches braunschwartz / gelb / rot vnd menning-farb / etliches rein vnd gediegen / nastig / nierig / etliches eingesprenckt / vnd schwe-bende / der meiste theil in einer mißpickle-ten blende / die hart / vnd mit Qwertzen verblümet vñ vermenget sind / Es bricht auch auff stehenden vnd flachen schwe-benden gengen / vnd wird bisweilē stück-

weis

kiß gewircket in etlichen Schieffer ge-
ezen / da etliches flößweiß durch das
antze gestein hinweg lieget / etliches
ird glantzig in einem Kalckgestein /
der sehr silberreich auff mechtigen spaad
engen / es sind auch zweyerley Spade /
enn die Silbergenge haben einen jrrdi-
chen / vermischten gröbern Spad / weiß /
etgoldig rot spiegelt vnd schwerer /
arkegen die Bleygenge haben einen
theilern / leuchtern vnd geringern spie-
elten Spad / welcher ein ansehen hat /
ie der glantz auff den Goldbergwercke /
er ist einer schönen weißglantzende art /
as Bleyertz wird mancherley handfar-
en verwandelt / nach gestalt der Metall
Gebirge / sonderlich in den Bergarten
es glantzes / denn nach dem Saturno /
vann er vnten lieget / oder andern vnter-
vorffen ist / so hat der glantz nicht mache
Bley zu bringen / sondern wird zum
Bley ein vnuollkommene Bergarten / die
ntweder zu hart ist / So ist er Nod-
eneris, ein mißpickel / der hart geknüpf-
et / ist er aber zu weich / so ist es ein Was-

 ser

serbley glantz / derer in Goldseiffen vnd Zinn gebirgen zufinden sein / Ein geschlecht des Eisen glantzes oder Eisen mahles / wiewol der Eisenglantz schwerer vnd sprödder seiner jrdigkeit wegen ist / welches glantz nun das mittel helt / der weder zu weich noch zu hart / vnd der glasig ist / weißgüldig / rotgüldig / vnd gefelt in den besten Metals Gebirgen.

Die rechten Bleyglentze vnd Ertz aber / geben halb / oder den dritten theil Bley / wenig mit andern Metallen vormischet / vnd so der andern Metall eines / im glantz gefunden / die oberhand vnd den vorzug behalten vnd haben können / so seind es nicht rechte einfeltige Bleygenge / sondern das Bley hat sich mit dem Golde vorglichen vnd vereiniget / das es vormischte gestein sind / dann die Gestein der Bleygebirge / viel wunderbarlicher mit sonderlichen zufellen.

Also werden alle Metall jhre fälle vnd blick / nach Himlischer einbiltung durch den allerhöchsten begabet / das r den andern Metallen vnterworffen/ nd öberste Probierer sein sollen/ mit ren wesentlichen früchten / denn es enget sich von Natur gerne in ande- Metall/ als auch seines Gesteins ar- n/ sampt den Blettern/ Stäm vnnd Würtzeln / in andere Gestein der Er- en / das also der Saturnus nach sei- em Grad / vnd macht der allerhöchste / mit einer besondern zertheilunge / n allen seinen wercken / darumb er sich it einer edlen durchsichtigen Selen rkleret sehen lest / vnd grentzet in den ntimonium / mit seiner süsse hinein / elches doch das Gold alleine lieben llt / das thut er demnach nicht ohne sachen / denn nach seiner wichtigen hwere giebet er die leichtesten Reme- la allen schwermütigen Blut vnnd ngen / wie die Himlischen Astra vn- eich / vnd das Gewulcke darunter cht einerley farben ist : Also auch ein imler reiner vnd geschmeidiger dann s ander / als Engeland beweiset / nd Vielach in seinen Bley gesteinen

 bewch-

bewehret/ dann die Bleyertz / so mit andern Metallen vermischt sind / sonderlich mit Silber/ Kupffer vnd Eisen / die
geben viel leicht stein vnd hartwerck / die
man gerne annimpt zu Stiigern / vnd
noch lieber wann sie Goldreich sind / als
in Hungern/wegen der wirdigisten Me-
tallē ist man der mühe weniger beschwe-
ret / solche heraus zu bringen / dann die
vnartigen vrsachen / da allein die Mineralischen Kiese / mit jhren vnzeitigen
säfften/die sich mit den schwachen ver-
bindungen des Bley ertzes vereinigen.
Der Bley glantz aber giebet ohne vermischung eine sehr schöne vnd grüne ver-
lassung den Köpffern / das es nicht alles zu Bley verschmeltzt wird / da man
aber einen sprüden vormischlichen Kiese vberkompt / der vorglast halb Eisen-
farb/ darumb macht man auch aus den
geschmeidigsten schöne schmeltzgläser,
zum probieren vnd flüssen / der rohe
raubigten wilden Ertze / die sonsten gar
nicht fliessen noch eingehen wollen. Es
kan aber widerumb mit künstlicher ge-

schid

schickligkeit / von einer kleinen vermischung der Metall blumen / ein solcher Bleyglantz zugerichtet werden / der dem natürlichen gleich sihet / wie auch die Kiese natürlich gemacht werden / vnd viel herrlicher tugenden vnnd kreffte / aus dem Bley bereitet / vnd ausgezogen / die alle dem Menschlichen geschlechte dienstlich sein.

Wo es nun in den Schieffer gebirgen / stöckweiß vnd vormischlich befunden / da erwecket es die bestendigsten Kupffer / auch Victriol vnd Galmey / als Goßlaria am Hartz dergleichen gethan hat.

Es bricht auch flötzweis in einem letten liegenden / als in Polen vnd Zarnawitz / mancherley Bleyertz gefunden werden / als in den ebenen Feldern / die man der Wasser noth wegen / nicht alle belegen vnd bawen kan. Aber vnter den Bleyen hat man das Vielacher vnd Engellendische Bley am liebsten / das ist am geschmeidigsten vnd reinigsten vor alle andere vormischung zu probieren /

vnd den farben dienstlich zu gebrauchen/ vnd die vermischten brauchet man gerne in Müntzsäiger Hütten vnd schmeltzen.

Diese Bley ertz erzeigen sich am Tage in jhren Gesteinen / wo sie bestendiger weiß natürlich brechen / mit gar schönen weissen gelbichten Blumen / vnd drusigen Quertzen / Hornstein vnd Eisenschüssigen gelben vnd braunen Spaden vnnd molben / deren Gestein auch andere Wießmuth arten/vnd viel durch Jesenen Wießmuth bringen/ die auch zu jhrer art dienstlich / zu scheiden sind. Das also ein Bergman billig darzu arbeiten / erforschen vnd nach zu fragen Göttlicher mittel/vrsach hat/ die Heuser der Planeten/das ist / die geschickliche stete der Metallen / mit verstand anzusehen/ dann wie ein Mensch an seinem Leibe kein Glied entraten noch dahinden lassen kan:

Also thun nach ordnung die Gebirge der Metallen/was der Mensch wil recht vnd wol gebrauchen/das alles ohne mante mangel eine gute notturfft vorhanden/ vnd wo man solches vnwissentlich verbraucht/hat man wenig nutz daruon/ vnd gleich wie aus seiner Seelen wird ein Köte gemacht/welche die füegen vnd Goldbrüche / auch Silber zusammen reicht vnd genützet / Also hat es auch einen besondern Geist / der sich durch den ichtigen vnd vnsichtigen hellen / zu einem Wasser distiliren lest / wie dann in en Ertzen die Natur/solch Wasser auff inen Gengen eißmachende herdet / zu inem Denckzeichen vnd Gewissen gemercken / daran jederman erkennet / das s ein Bleyschweiff / vnd gewisse anzeiaung sey/ eines fundigen Bley ganges / r habe gleich ander einfell der Metall/oer nicht / so viel ist er darumb annemer nd besser.

Das Bleyertz wird auch in viel wunerbarlicher handarbeiten von den Menchen verbraucht vnd vergossen/ darauff an nicht achtung hat / noch gedencken ag / wie ein nützlich vnd notwendig Metall es ist/ zuuor aus in den schmeltz

vnd

vnd Seiger hütten / darinnē man Gold vnd Silber voneinander bringet / vnd von dem Kupffer abscheidet. Diese Bley genge streichen in etliche Gebirge / nach jhrem Gestein / von Mitternacht in den Mittage / auch von Morgen in den Abend / deren einheimische Genge werden mit den frembden veradlet / nach jrer mittel bestendigkeit / vnd nemen auch zu vnd abe / wie andere Metall / nach jhren gesteinen / sie nemen auch jhr zusammen scharren / Creutzigen leinen / geschicken / Klüfft / fäll / flötze / kammen vnd genge / nach jhren Blumen durchwircket / stradierende hin vnd wider werffend / geferbet / beschlagen / erhört vnd angeflogen / in aller massen / wie die Silbergenge / mit jhren Wercken zu erkennen sein / ein kleiner vnterscheid ist.

Die besten Bleygenge aber / vnter allen am bestendigsten / seind Wasser / blauschubicht / talckende Schieffer gestein / greusig vnd gneissig mit langlichte Fluß Qwartz / oder kraußlet / gesprenckelt / vnd nicht gewunden / sondern gro

Klüff

flüfftig/mit schwebenden Gengen/ vnd gleichen Banen / eines theils nicht vngleich den Silber gebirgen / etliche Bley gebirge sind von einem weißschuchten talch schieffer/ voll wilder Granaten / oder hin vnd wider gewogen / darinnen sich Silberreiche Bley ertz brechen thun. Etliche haben einen gewunknen / weißschspichten Schieffer / vnd an stat der wilden Granaten Zwitter / der schwartztunckel / sprenckelt / als die süekuchen/darinnē wird auch der weisse Antimonium / oder Wißmuth Metall gewircket/erfunden/welcher ein Pankart ist vnter den Metallen / daran reiche Silbergenge stossen/ etliche Bleygenge seind widerpärsig / etliche führen viel Kupfferglästig / vnd weißgüldiges Ertz/ etliches viel rotgüldiges Ertz / etliches so mancherley artē/wie es die Göttliche mildigkeit / vnd die Nature zu erkennen gibet.

Das Achte Capittel.

Von

Von dem Quecksilber ertz seinem Gebirge/ wirckung/ art/ stunden vnd schwebenden Gengen.

DAs Quecksilber ertz wird gewirckt in seinen eigenen Berggestein/ von seiner Mutter der Saltzwesen/ vnd allerreinesten Erden/ von behendlichen flüchtigen Erden/ mit Himlischer Impression des väterlichē Sulphuris Mercurij/ einer schleimichten/ schmirichten/ wasserigen früchten/ Olitheten die vermenget wird/ mit der allen subtilesten rotschwefflichter/ gekochten Erden/ mit der aller gemachsamsten schwechsten verbindung/ als ein vnzeitige angeneme frucht aller besondern Metallen.

Dieses Metallertz ist einer sehr wunderlichen Natur/ vnd gleich einem Affen vnter den Metallē/ denn es vberwirfft vnd spielet/ kleidet vnd voreiniget sich mit jhnen allen/ sonderlich Gold vnd Silber ist vnsichtiger weiß/ innerlich vnd

vnd euserlich / eines vnuollkommen / rot-güldigen Silbererts / an farben vnd gestalten fast verglichen / rot aber fast tunckel / weiß durchscheinent / oder rotscheinger farben / welches auch in allen Metallen beschlossen / mit seiner wachsentlichen art / durch zu dringen / Wann sie jhme von Natur subtilirt vnd beygeleget werden.

Vnd von jhme sagen die weisen Philosophi / das zwischen jhme vnd dem Silber / kein vnterscheid sey dann allein die zeit / nemlich / so diese vergangene mit der kegenwertigen / die kegenwertige mit der vergangenen verglichen / vnd kegen einander gehalten werden / als das vollkommene Silber / in vorschiener zeit Quecksilber gewesen / vnd in kegenwertiger zeit zu Silber worden. Also könde das Quecksilber / künfftiger zeit Silber werden / dann allbereit in Silber Bergwercken / güldig Ertz vorschmeltzt ist / Das ihr Quecksilber / mit grossem abganck vnd verlust ist befunden worden.

Wel-

Welches man beides wol hette erhalten können vnd geniessen / wo man sich des versehen hette / oder durch probieren wer weiß worden / So ist solches auff glaß ertz zu bringen / schöne Handstein dar aus machen / auch mit etlicher bereitung der Schweffel vnd Saltz in ein rein ge schmeidiges wachs / das da vber ein liecht schmeltzet / vnd in jme ist die gros se geheimniß der Nature / das jhr vil in die Augen sticht / oder welche vnbe scheiden damit vmbgehen / denen wei er die Federn / vnd fleugt mit dem Cor pus daruon / wenn die gradus Lunæ sind vollkommen / so ist es in seinem Gradu gantz flüchtig / noch wollen es etliche ewiglich zusamen verbinden vnd vereinigen / das es bestendig / vnd vn schiedlich beysamen bleibe / geret / wie si es mit einem Stabeisen zusamē schmel sen wolten / denn eines wird das gl hende nicht halten / also mit andern Me tallen auch / denn eines besichet in der hi tze / das ander in der kelte / es hat ab gleichwol das Queckfilber viel vnzeitig

ter tugenden beschlossen/das es sich ger-
e mit dem höchsten vnd niedrigsten/
vereiniget/vnd in seinem Regiment ste-
en alle heimligkeit der weisen/ darumb
wird es billig dem Baum des Lebens/er-
entniß guten vnd bösen/mitten im Pa-
adeiß der Metallen vorglichen/dann es
kltet vnd erwermet/ truckenet/ vnd be-
euchtet/ macht widerwertige vnd vor-
chiedene theil vnd werck zu recht/ vnd ist
ie nechste matheri vnd Sperma der
geistlichen Metallen/ Leichnamb / vnd
er Vater aller wunderbarkeit/ es lindert
erhöhet/erhebt vnd feulet/erleicht/vnd e-
et/ machet lebendig/vnd verwandelt die
aibe der Metallen / von farb zu farben /
vnd von einen wesen in das ander / es
ist der Brun des Lebens/vnd bereitet das
Gold aus dem ferch vnd den samen/mit
inem Leibe sehl vnd Geist vmbgeben /
solche gaben Gottes vbertrifft alle
Menschliche werck vnd gedancken/dann
es hat keinen andern Aythorem/ denn
Gott selber/ das so viel wunderbarlicher
ding/neben dem nutz der gesundheit/ aus

jhme entspringen / so ist auch eines besser denn das ander. Darumb solches dem Goldgestein nach am nehesten gefunden wird. Ist für das beste vnd höchste zu achten / denn der Allmechtige hat in erschaffung der Welt / alle ding vollkömlich geordenet / derohalben die erschaffung dem Quecksilber / ist in vielen dingen zugetheilet / vnd seinen Namen / mit andern herrlichen Tugenden von erquickunge / vberkommen / vnd dieses Quecksilber ist alleine der edle Lubincus von den Metallen abgesondert / die seine geschlechte alle vnterschiedliche weisheit gelassen / wie dann seine Natur herrlich beweiset / vnd mit seiner wircklichen krafft gar nahe / an die Minerall / vnd Metall schweffel vnd Spiesgläsig Gestein grentzet / vnd es lesset sich auch gerne finden / wo die Zinn Bewme oder Zinn gebirge / höher dann die Silber-Gengeligen / das erfordert viel widerholende / krefftige wirckung zu andern Ertz / auch in andere frembde gestein / gemannigfaltiget / vnd durch die Eglster der

r der Minerall vnnd Metall gedrun-
jen vnd gezogen wird / die einander
zeffeundet / vnd viel seltzamer Wunder-
gebürtten anrichten / daher es den Me-
allen anmutlich / vnd damit die Gold-
chmiede vergülden / vnd Antall gra-
nieren können. Es wird auch gemacht
in Metall farben / zu öhel vnd Wasser
precipitirt zur gesundheit / vnd subli-
mirt zu etzen den ergsten Gifft / vnd
st ein rechter Rauber / dann er auch
gerne von jhme nimpt / vnd mit jhm füh-
re / was man vor mühe vnnd vnkosten auff jhme wendet / wo man jhn
ber der Natur nach / erschleichen mag /
o Todt vnd lebendig jederman gehor-
am / mit den Bösen ist er nicht gut /
nd mit den Guten ist er nicht böse /
nd wie lustig sich ein Fuchs weis /
och findet er bisweilen seinen Meister
ewiß / dann er nicht jedermans Freund
t / ob er wol von Natur / wie man
n haben wil / von seinen vnzehlichen
ercken / möchten nicht Bücher genug
emacht werden / vnd die von jhme

die Bücher beschreiben können/so lange nicht leben/bis das sie jhnen aus lernen/ dann er giebet auch zu erkennen / als ein einveriger Gott / wie Gott der Allmechtige aus nichts die gantze Welt geschaffen habe / wie die Dreyfaltigkeit in einem wesen bestehe / dergleichen die Aufferweckung der Todten/ vnd ist ein Ebenbild/ des ewigen Lebens/mit andern hochwirdigen dingen/ in seiner heimligkeit / darumb viel Menschen zu Gottes ehre/ vnd jhrer selbsten erkentniß kommen / so weit jhnen müglich/ von dem ewigen Mitler/ dem HErrn Christo dahin zu kommen/ nachgelassen wird / als die weisen Naturkündiger/zeichen/welche ich auff dis mal wil ferner von seinen wircklichen tugenden vnd krefften zancken vnd disputieren lassen.

Seines Metals gestein sind einerley Natur/von einer reinen zarten/weißschifferigen Erden / auff Wasserblaw geneiget / vnd mit frischen vntermengten weissen Qwertzen/mit einem Gentzkotigen gräulichten vnd durchlöcherten glim-

glimmer/welche sich vnten zwischen den Schiessern flötzlin weiß einlegen/ vnd bey jhren Metallgengen/mit angeflogenen Marcasiten/vnd mit dem subtilesten kleinspeisigten weissen talch vermenget seind/ vnd durchwachsen mit zwayerley arten/ seiner stehenden vnd flötz streichenden gengen/ in welchen das schönste rotscheinige Queckfilber ertz/ dem rotgüldigen Silber ertz gleich/ vnd nicht vngleich dem roten Bergschwefel/ gewircket ist. Vnd bisweilen gar gediegen/ aus den Klüfften vnd offenen Drüsen der Genge/ laufft vnd stehet in einem Sumpff/als das Wasser/ wie es dann seine natürliche lebendige Substantz gnugsam beweiset.

Das Neunde Capittel.

Von dem Eisen ertzen seinem Gebirge/wirckung/ stöcken/ flötzen vnd Gengen.

DEr Eisenstein oder Eisenertz wird gewircket in seinem Berggesteine in der vergleichung Himlischen Impression Martis / dann er ist Trinus Magnus / ein grosser Kriegesheim und mittel / damit man alle andere bezwinget / aus einem spröden irrdischen unreinen unartigen Schweffel gefestet / salze / und unartigen Queckfilber umbgeben / welche drey principal stück in seinem verbinden / viel irrdigkeiten einmischen / darumb ist das Eisen mit Fewr schwerlich zuerweichen / und führet auch viel Rotes in ihme / von des Schweffels unart wegen / wie es auch vor andern Metallen einen hochroten lebendigen Geist hat / welchen / so er dem Eisen genommen wird / so ist das Eisen / auch mit dahin / und wirdt eine faule irrdigkeit daraus verlassen werden. Das Eisen lest sich auch mit andern Metallen nicht leichtlich vermischen / und im guß vereinigen / der Eisenstein hat dreyerley ausführung / und unterschiedene theil in seinem irrdischen Ertze / nemlich den

Magneten/ein lebendig Metallertz/welcher die art hat von Mercurio viuo, aber mit dem Eisen mus gemeinschafft halten/ mit seinen Feilspönen erfrischet/ vnd ernehret werden: Darinnen er als ein Igel lieget/ von Gott in der Natur/ mit herrlichen Adamantischen tugenden begabet/ das er an einem ort zu sich zeucht/ mit dem andern von sich bleset welche tugenden in jme können vermehret vnd gestercket werden/ es ist ein rechtes vorbild des gerechten vrtheils/ weiset nach der Sonnen/ die rechten stunden in Corpus des Compasses zu Wasser vnd zu Land.

Zum andern den Stael/ des hertesten vnd geschmeidigsten gereinigsten Eisen/ von seinen eichten zueignes ... rat/ darinne er gedicklichet auffs geschmeidigste/ in allen seinen theilen zusammen gebunden wird/ welchen man gerne/ in allen seinen des Eisens wercken/ fornen an die spitzen stellet.

Zum dritten folget das gemeine Eisenertz/ die sind von seinem ... Schweffel zusammen geronnen/ welche drey dem ersten erfahrnen Naturkündiger Tubalcain / dem Bergmeister / eine gute nachdenckung der seinen drey anfengen / in allen dingen gemacht / darnach er auch die Gebirge in drey verschiedene theil ausgemessen hat / darinnen er sich solch Metall ertz dem Eisenstein erstlich auff viererley weise gewircket befunden / Nemlich auff stehenden Gengen / auff flötzen / fällen / vnd eigenen stöcken geferbet / nach den vier Elementen vnd farben des Regenbogens / Darnach hat er zum liechtführlichsten betracht seine Blumen / vnd einer jeden gesteine art nach / wie vnd aus welchem der Eisenstein am besten sey / zu brennen vnd schmeltze / vnd was allerhand vor werckzeug möchte daraus gebracht werden. Wo er am bestendigsten gewircket / denn er giebet aus seinem Gebirge dreyerley Wilenis / die wol darzu dienen / zu gebrauchen / Als nemlich die Glaßköpffe / vnd sind als ein speisiger Blutstein / brechen auch pöckelt grob / wie ein Hirnschedel / auch schalenweiß / vnd braun

speisig /

peisig/etliche därlin weiß: wie das Holtz/ darauff Abraham seinen Sohn Isaac auffopffern wolt.

Zum andern den Braunstein/ daraus man Glaß vnd Eisenfarb macht.

Zum dritten einen körnichten Eisen schörll im flößwercken/ welcher so hart ist/ daß man jme mit grosser gewalt kaum abbrechen/ oder zu recht bringen kan/ vnd nach dem der Eisenstein auch seine vollkommenheit hat/ so bricht er stückweiß durch das Gestein vnd Felsen hinweg/ das man gantze Berg Eisenstein findet/ wie das Eissen ertz in der Steuermarck/ zu sehen ist. Aber der beste Eisenstein ist schwartzbraun/ gelbicht/ vnd schwerer dunckelfarb/ etlicher leberfarb/ zum theil wie ein graw grob pöckleter Hornstein der knöriglich in latte liegt/ etlicher gelb/ braun/ milt vnd gelbicht/ etlicher Kitschbraun auff flötzen vnd stöcken/ eins teils schwartz auffgebradene/ als ein Sünder/ eines theils braunspöttig/ weiß spiegelt vnd glantzig/ etlicher gedlegen/ milt schwartz/ derb vnd kleinspeisig/ etlicher

gelbicht kessig / ausgekochet / vnd stad
licht / welcher vnter denen allen gleisset /
als ein Kupfferstein / von braune schwartzen Spad / spiegelt ist / daraus dann wider den hohen offen dergestalt gemas-
chet wird / etlicher als eingeschüt flötz
werck gefunden / durch das gantze gebirg
ge hinweg / etlicher körnicht / vnd härichte
im letten vnd Feldern / dann man allein
die trübe nimpt / der gelbich lüchter in den
Sandgestein / denn er giebet am meisten schlacken / vnd am wenigsten Eisen /
etlicher stecket schüeb weiß im grawe lar-
ten / welcher nur absetzet / vnd schlechte
bangen hat / der giebet das geschmeidigste Eisen / oder etwas braunfarb / gleich
vnd klein schlichwerck ist / bricht auch
gelber Eisenstein in den Tuffsteinen
vnnd Kalch gebirgen / vnnd der meiste ganckhafftig auff stehenden Gengen / im greiß sandigen Talchgestein /
die grobklüfftig seind / vnd etlicher im
Schieffer stöckweiß / auff den geringen
theilen der Silbergestein / auch an den
Quecksilbergebirgen / auffwerts anset-
zen

en Schieffern. Er bricht auch gerne in den vor vnd nach Gebirgen / es
zt auch etlicher abgewaschener vnter
em Rasen / wie ein braun gemölb / vnd
m am Tage ist kein Ertz so gemein /
ls Eisenstein / demnach er ein ander
Gebirge einnimpt / vnd hindurch se-
tet / Also offt verwandelt er sein farbe
nd Natur / das nach jhme erfolgen
Glaßköpffe / Ematites , Braunstein /
Osemund / Polus / mit sampt dem
Rötelstein / vnd Eisenschörll / die alle
uch des Eisens Natur ein theil an sich
emen / wie dann auch der Eisenstein /
le höchsten Metallen wieder an sich
impt / Gold / Silber / Kupffer / Zinn
nd Bley / dauon er spröde vnd vnartig
ird / aber Gold vnd Silber die scha-
en jhm nicht / die machen jhne ge-
chmeidig / welcher nun Kupffer schös-
g / oder mit geringen Metals Berg-
rten vormischet ist / in der derselbe im
ammen / gleich wie eine fettigkeit des
Queckfilbers. hindert im zusammen
lauffen / das es nicht im halffe kompt /
wo

wo man jme nicht seinen rechten zusatz giebet. Oder vber den hohen offen arbeitet / welcher jhme seinen anhanck sehr dempffet / sonsten kan man es wenig zur geschmeidigkeit bringen / wie das Hartwerck vnter dem Zinn auch vnartigkeit anrichtet / dann es nimpt die Speise an sich von der feuchtigkeit der Marcasiten / die durchaus in allen fruchtbaren gesteinen mitter sind / von des wegen etliche Naturkündiger Philosophirten / weil im Eisenstein / vnd pichenden gilben / gediegenen Golt erfunden werden: So sey der Marcasit die eine vrsach / vnd ein Magnet des Goldes / dann Gold vnd Silber vereinigen sich offtmalen ausserhalb von viel edlen voreinigten fällen vnd geschicken / so nahe an jr mittel des Gebirge rücken.

Also thut das Eisen dergleichen / das es auch auff vielen Gengen mechtigere Kieß giebet / vnd zum theil durch dingelt / einen schwartzen Schieffer / neben dem Eisenstein / da auch einer vor dem andern gröber vnd subtieler Eisen giebet auff

uff solcher verwandlung hat Tubalca-
i der erste Bergmeister abgenommen /
es gesteins w[illegible]cher mechtiger vnd
wichtiger vrsachen/demnach er sich vm-
gesehen/ befunden/das die Kalchsteine/
arinne das Eisenertz bricht / solche
reich sind/daraus man nicht den Kalch
um Mawer brennen / sondern eine an-
ere art/des Tufft oder Dropffsteins /
ie auch die Kalchsteine vnd Genge / in
Silber keinen Kalchstein zum brennen
eben/also vrsachen andere Metall jhre
igene Kalch vnd Tufftsteine / wie denn
uch in den Eisen gerne Kalchstein zu
rennen dienstlich sein/ vnd zu seinem
chmeltzen zu trälich befunden wird.

Also werden mehr geschlechte / der
Kalch Mermel / allabaster / Kießlinge /
ieß vnnd kalchichte Tropffstein / in
Goldgebirgen vnd warmen Bäthern ge-
rsachet / von einer sonderlichen heiß
radirenden schleimigen hitze der irdig-
keit/so das Wa[illegible]ser durchwalcket/ wie
r Wein den Weinstein an die Fesser
wendig walcket vnd ansetzet.

Also

Also helt sich der Eisenstein gesellig allen gesteins der Metallischen vnd Mineralischen/wie die in [illegible] gemeinheit de Mäßpückel / durch alle Bley ein mitte ist zwischen das Kupfferschiessige Eisen wer ein wenig mit dem schmeltzen rech vmbgehen kan.

Also ist der Kalchstein auch ein mite tel gegen dem Zinnschüssigen / vnd also folget aus einem andern geschlecht / des Kalchsteines/die Saltz adern vnd Gen ge / welcher stein spaldig vnd weißspie gelt ist / als nach dem Federweiß/also ist das Kreudingestein ein sonderliches ge schlecht. Solcher gestalt sind auch vn terschieden die Eisenstein / welche oben am meisten in jhren Klüfften vnd Gen ge gelb braun vnd eisenrostig oder eisen malig anzusehen sind / vnd gar leichter gestaltnuß auszurichten.

Demnach auch vieler ort Herrschaff ten jre Vnterthanen abrichten/das sie zu gemeinen nutz jhre Eisen Bergwerck fin den vnd auffbringen. Also ist das Eisen das erste vnd letzte Bergwerck auff Er

Erden/

Erden / ein vornemliches Metall vnter den andern / denn nicht viel Creaturen einer geraden können / als des notwendigste / damit man alle ding auff vnd inwendig der Erden bezwingen vnd vberkommen mag / vnd den brauch / wozu es allenthalben dienstlich ist / mag niemand ergründen / dann es sich noch teglich jmmerdar newe erfindung zu tragen / darzu man das Eisen haben mus. Wird einer auch am meisten verbraucht vnd verhandelt / es nimpt das Eisen auch gerne die geschmeidiger verwandlung / dauon negst Gott vnd der Natur / die eisen melten / vnser Eisen werde nicht mit dem Magneten gezogen / vnd viel ... licher Werck thut es in der Freundschafft des Kupffers / das jme nahe verwandt ist / desgleichen vnter dem Gold vnd Bley / denn mit jhme werden die ... rlichsten Alcali / die andern Creaturen in viel müglichen dingen hülff vnd ... derung erscheinen / wie von jhme ... Planeten mancherley wünderliche ... fabeln dem Eisen zulegen / das also in allen/so man seine tugend / natur vnd wirckung alle begreiffen solte / vnd beschreiben / würde es allein ein groß Buch machen/ aber seine Gestein haben in der vielfaltigkeit abgenommen / das allein in etlichen Lendern/zum theil sehr breit/erfunden werden. Wie dann auch andere Gestein der Metallen abnemen ohne allein Gold / Silber / Kupffer vnd Bley behalten die vielheit vber dem gantzen vmbkreiß der Erden.

Das Zehende Cap.

Wie die Edlen Gestein gewircket/vnd was von Gott für guethaten den Bergleuten gönnet / auch was den bösen Teuffeln vorhengt vnd nachgelassen.

AVs der substantz oder vollkommnen/ durchleuchtigen / aller edelsten erden irrdigkeit / mit vormischung der bestendigē materien/des Saltzschwefels vnd gewachsenē Quecksilbers/wo ohi

yne Rauch vnd feuchtige materien/ el-
e truckene verklerte Congelation vnd
ebehrung/ der edlen Gesteine/ arten/ in
iren Geheusen/ stöcken vnd Gengen/
nd die da rund Circulirt seind/ vnd be-
endig ist verknüpffet vnd verbunden/
vn deswegen der mehrer theil der Edlen
Gesteine/ rund oder zanckender gestalt/
ulb/ lauter vnd auch durchsichtig/ von
ancherley farben erfunden werden.

Nun findet man solcher Gebirge
sehr viel/ darinnen diese edle geberunge
vbracht werde/ ist auch ein vngemeiner
eisenhertung/ den Metallen gar zu wi-
er vnd entkegen/ auch anderer art/ ge-
chlechten/ denn sie sind vor sich selbsten/
as sie nicht ganckhafftig fortstreichen/
och einzelig halten sie jhre Centra vnd
ittel mit viel seltzamen arten/ wun-
er geberden/ dadurch sie alle pöckels/
nd tropffen weiß Lapilirt werden/ vnd
llen in dem allerhertesten lautrigsten
Gesteins Drüsen/ darumb offten ein
rudlin gewachsen/ wie in den Eier-
einen/ vnd je edler/ je weniger der zu be-

J fin-

finden/ vnd je röher/ gröber vnd vormli-
scher die sind/ je mehrer der auch besun-
den werden / als an den geschlechten d-
Granaten zu mercken / ist die höhe / vn-
tunckel / auff zwo art vnd eigenschaf-
erscheinen / wie auch der schürll des E-
sens/vnd der Zwitter die geringsten we-
den allein in jhrem mittel circuliret na-
stig/ klein/ groß hackerhafftig vnd gri-
sig/zu seltzamen zeiten gewircket / als d-
Bonen in jhren Hülsen / vnd gleiche-
gestalt / als die Perlein in jhren Hülsen
vnd Schnecken Heusern / vnnd meh-
Schalen gefunden werden / welch-
dann auch nichts anders / dann vo-
einer gar sonderlichen Impression de-
Himlischen einfluß / auch also von den
Wasserfliessen abgenommen/geöffnet
von jhren schönesten steinischen Heusern
abgerürt vnd hingenommen werden / i-
Gold seiffen / vnd andere artige Ge-
stein/ die vber die metallische Natur komen / seind in einen sonderlichen grad-
das zubesorgen ist / es werde der meiste theil / der Edlesten vnd grösten / v-

en gesteinen nicht gefunden werden / rer vngefunden bleiben / den das jrr- ische vnd aller edleste Gestein / ist kom- ien von dem Himlischen aus geleutri- en Gestein / damit es sich absondert / lar vnd rein in seinem glantz oder stein cheinet / vnd also die gantze Kugel r Erden / oder Limbus nicht an- ers / dann ein abgeworffenes in armen illenes / gemischtes / zertibenes / zer- rochens vnd wieder wachsendes / auch um theil zusammen geschmeltzes stra- nciret / Steinwerck in einen Putzen / nd mitten im Circkel / des Firmaments i stehen / in ein Ruhe vnd stillestand ommen / was nun Himlischer / En- lischer / Geistlicher verklerter Natu- / durchscheinung / vnd hell ist / in ner schönen klarheit / das ist aus dem er Himlischen Geschlecht vnnd we- t / dauon die Edlen Gesteine gewir- t her kommen / welche auch mit dem lenschen / in den Göttlichen Lust- rten des Paradeises geschaffen sind / nd durch die vier Flüsse geleutert /

darumb man solche ewige tugendhaffti-ge Rahrfunckel / Adamas / Demanten / Rubin Jechzincken / Sophir / Amethisten / Granaten vnd Cristallen / findet neben Perlen vnd andern viel / die man wegen jhrer schönen vnd herrlichen Tugenden / vnd der natur nach thewr geacht / vnd in wert gehalten / auch hoch verkaufft werden.

Wer hat sich bisher beflissen / solche herrlichen gutthaten Gottes / seiner natürlichen Geschöpff nach zu fragen / vnd forschen / als die lieblichen lebendigen Geister der Zwerge / so vorzeiten in Hölen / oder hol ausgehawenen Bergen gewandelt haben / denn solchen hat kein kunst noch geschickligkeit gemangelt / vnd ist kein zweiffel / man möchte jr derselben noch findt / dann sie alle natürliche winckel vnd schliche durchfahren / vnd dieweil solche örter dem Himmel etwas näher liegen / denn die Metall gestein / Ist zu bedencken das in India / vnd andern mehr Morgenlendern / an das Paradeis grentzen / nach der Zwerge gewiltnis in G

Gebirgen vnd Feldern/ am Gold/ am Edelgestein/ sampt köstlichen Kreutern/ vnd gewürtzen zu bekommen sind. Darauff niemand gedencken mag.

Der trewe Gott wil vnd erfordert in allen dingen nicht mehr / denn trew vnd Warheit / der rechten gerechtigkeit/ erinnen / das auch alte vorfahrnen Gottesfürchtige Herrn / Könige vnd Fürsten / vnd die weisen alten Patriarchen vnd Ertzueter / in die Bergwercke grosse liebe getragen haben / bezeugen/ vnd mit begierlichem vorstand gesuchet/ zum besten brauch vberkommen/ das sie durch die verheissung vnd geschencken gaben Gottes / mehr gehabt / dann wir dahin gerichtet / nimmermehr vernügen/ welche seine herrlichen gaben / vnd allen Creaturen frey sind / zur ehre des Allmechtigen / wie es dann seine eigene zeit vnd leute/ zu solchen seinen hoch edelen gaben/ zugebrauchen haben wil.

Zum andern hat er verhenget den Bergmenlein in Keutzlin oder Bergteufeln/ auch das seine zusuchen nachgelassen/

sen / die da können in vntrewen fällen grosse spaltung vnd zwitracht zu richten / die mit vnrichtigen bawen einreissen / vnd solche Kunst brauchen / dadurch dem Gerechten vnd frommen / viel abganck / vnd mit bawenden Gewercken langer verzug erfolget / bis etliche viel vmb jhre Nahrung kommen / das sie vberdrüssig vnd auffleßig werden / dann der tausent künstige brüllender Lewe / ein Mörder vnd Lügner / von anfanck zerstöret / vnd hindert alle gute werck vnd Gebeude / aus vrsachen / das er sie den Menschen nicht gönnet. Aber er ordenet vornemlicher gestalten an / das man auff seine weisse nicht achtung habt / noch jhme mercket / vnd doch auff dreyerley art / seiner grundlosen Lügen einen fortganck machet.

Erstlichen erwecket er jhme eine Scherzlügen / wie man vmb schimpff vnd Ernst / könne die Leute betriegen / vnd für das aller leuchtigste / zu thun darbringen / das sie nur leichter von der Gna-

Gnaden Gottes abfellig werden / vnd ichzulassen verzagen.

Zum andern gebrauchet er sich einer Nothlügen bey etlichen / als so mancher liebender bey der vndanckbaren Welt / der mit Gott vnd Warheit / nirgend ort kommen kan / so zeucht er jhme eine ichte beschwerung für / daran er grös- er leugt / vnd die Welt noch besser be- reugt / dann er je zuuorn angefangen at / vnd wer jhme folget / in grosse noth inget.

Zum dritten macht er jme eine vor- essene / vnd ja eine trotzige / lüstige nd vbermeßliche Lügen / die Gott vnd le Welt (so es müglich were) betriegen / nd ausführen / die darunter so mancher Subtiliteten verblümet / das sie allen Menschen vertunckelt ist / zu begreiffen / a richtet er an durch solche Menschen / ie wol wissen / das es Gott / der Nature nd Warheit zu wider ist / des schemet er ch nicht / sondern gefelt vnd thut jhme ol / das er den Wagen vmbstürtze / rauff die Leute sollen kuen vnnd vnerschrocken fortfahren/ Ja so müssen sie jhme/ wider jhren willen im finstern wandern/ vnd von dem liechte der Natur betrogen/ veruortheilet vnd abgefüret sein vnd bleiben/ das ist sein Ampt/ das aber Gott der Allmechtige ferner in Bergwercken seine schätze dem bösen feind zu eizenen solte/ damit nach seinem willen zuthun/ das ist nicht/ Dann Gott hat dem Menschen grossen Irrthumb vorkommen wollen/ darumb sich mancher eines freyen lebens wegen/ jme ergeben würde/ wiewol er seine Disciplin mancherley im werck hat/ vnd vmb einen schendlichen geniess/ wunderbarlich auffhelt/ dauon sich keiner im Wasser vnd Brod settiget/ bis er jhme vorgewissert/ so sind es doch alles Lügen/ aus jhme/ mit vnd durch jhme/ dann er gehet keinen grade ein/ dann in sachen/ darinnen er seinen Wucher mit Lugen/ Mord vnd allem Hertzeleid verbringen kan. Auch wird durch jhme keiner reich/ bis er seinem Nachfolger den Hals bricht/ oder verwüst jme mit hengen vnd abkürtzung

der

es lebens / das seiner kein Engel noch Creatur in Himmel vnd auff Erden beeret / Gott der HErr aber hat jhme reyerley schätze / aus verhencknis nachgelassen / Erstlich seine syndicisierenden Wäscher vnd Erzlügner / der in Bergwercken vnd künstē / wie auch in Schrifften / Ketzereyen viel sind / sampt vngetreuen Haußhaltern / die sich alle vor Gott im Jüngsten Gerichte schemen müssen.

Zum andern die Reichthumb vnd Kleinodia / die durch böse Leute in seinem Namen vergraben werden. Das sie vermütet bleiben / bis wider die Flüsse darauff kommen / die solche hingetragen haben / dadurch erkaufft er jhme viel Seelen.

Zum dritten helt er leibliche wollust vnd gemeinschaffte mit etlichen Leuten / vnd machet sie jhme zu eigenen vmbrailes, die jhme das seine helffen zu rahe halten / aber in den Bergwercken verhenget jhme Gott / darumb wo vngottsfürchtige Steiger sind / Berghawerung vnd alt / vnördentlich im ein vnd ausfahren / Gottes Namen lestern vnd vnehren / auch schendliche Büberey treiben / da frolocket er mit jnen / reitzet sie zu vntrew vnd faulbigkeit / auch mit nachlassung alles guten / da sie auch die edlen Gottes gaben / der Ertz mißbrauchen / so lange bis er sie füglich mit einem schandfleck vorsichet / das sie vmb Leib vnd Seel kommen / ertrückens vnd fällens / oder da sie offt eine Wand abtreiben sollen / decken sie die Vngottsfürchtigen mit zu / vnd reissen noch etliche Kübel vnnd Karn auff sie / die da wollen aus einem verharten Hertzen / vnd fliehenden Munde / mehr vben / denn sie sonsten mit den Henden vermügen / vnd wo er selber nicht kan zu kegen sein / so erwecket er doch jhme heilose / neydische / abgünstige Leute / die auch das Recht biegen können / mit vormeßlichen / vorsetzlichen Ordnungen / dispurando, die machen jhme Trewmer / Gesichter / Cristollen gucker / vnd allerley Geucklerey / vnd erdencken jhme Abgötterey / als König Saul / da er empfand /

das

das jhme Gott nimmer günstig war / in solcher verzweiffelung stehen auch zum theil die Wucherer vnd Jüden / an den verlegenen Pfanden vnd Kleinodien / die sie offtmals schmeltzen / schmieden vnd beschneiden / die Müntz vnd Gratia anlegen / die Christen damit zuuervortheilen / dergleichen / die Schetz Greber / vnd Exorcisten / mit jhren pentaculis sigillis, vnd andern beschwerungen vnd Circkel gebrauchen / die sie wissentlich mit vberflüssigen Mißbrauch des hohen Göttlichen Namens verbringen / solchen folgen auch etliche Bergleute / die viel beschwerungen an die Ruten legen / so doch Gott vnd die Natur nicht zu lest / das sie darumb einer Mücken groß / von jhrer benedeiung weiche / darumb saget Salomon / der Segen Gottes machet Reich ohne vrsach.

Diese aber sehen nicht alle auff das himlische Gestirn / viel weniger auff den Väterlichen milten Schöpffer / noch

noch auff seinen allerliebsten eingebornen Son Jesum Christum / noch in die
Perlin des heiligen Geistes/dann sie lieben die Finsterniß/vnd hassen das liecht/
lauffen zu den Lugengeistern/wie die vn-
getrewen eines theils Seelsorger / die
nicht achten den schmuck Aarons/ noch
die zwölff Edlen gestein in seinē Schild-
ling / dann sie können jhnen selber nicht
helffen / darumb richten vnd ziehen sie
die Bleter der Biblia nach jhrem jrrdischen wolgefallen / wie die vortelhaffti-
gen Bergleute jre Ruten/auch deren können meisterlichen glauben / dadurch sie
alle wollen gnug vberkommen/vnd doch
mit verlierung ehre vnd gut / endlich am
weinigsten erlangen / sonderlich in der
vermeinden form lineratione treffen sie
bisweilen vor die edlen Gesteine die tol-
len Wasserperlin/gemacht aus Schnecken heusern / vnd Jacobs Muscheln /
dann jhre Edlen gesteine sind von ge-
spickten/auspollierte farben der schmeltzgläser / die in der anfechtung bestehen /
wie die Wasserblasen/ die leichtlich ein-
fallen/

fallen/dann jhr newes heruor bringen/ allein mit worten geflicket ist/ jnen damit ein ansehen zu machen/hat aber keinen grund/vnd von Gott kein recht fundament vberkommen / wie auch Gott sehr erzürnet wird / vnd keinen gefallen kan haben / wann sich einer viel ausgiebet/vnd alles wil erfahren haben/ vnd kan in wenigsten nichts beweisens. Der Son Gottes / vnser lieber HErr vnd Heylandes Jesu Christi/der getrewe Gott verleihet seine ewige herligkeit in gleich einem Kauffman / der gute Perlin suchte / vnd da er eine köstliche fand / gieng er hin/ vnd verkauffte alles was er hatte/ vnd kauffte dieselbigen Perlen.

Also mügen Ehrliebende Christliche vnd Gottfürchtige Bergleute auch das beste erwehlen / vnd jre Perlein / der da ist der Geist des HErrn / aus Gottes munde hergewachsen/ wol erkennen/ vnd jre ewige bestendigkeit ansehen/ wie sie widerumb Gott zu loben begeren / der jhnen alles vnterworffen hat/ wo hin sie sich wenden / aus lauter gnad / vnd

barm-

Barmhertzigkeit reichlich giebet vnd mittheilet / auch durch die vnschuld oder verdienst vnnd wircklig keiten seines geliebten Sohns / alle zeitliche vnd ewige wolfart / Leibes vnd der Seelen gesundheit / jhnen allein zum besten / in diesem vergencklichen Leben wil erstatten / schmücken vnd zieren / so eigentlich vnd viel besser denn das Gold / Silber / Edelgestein vnd Perlen geschmücket vnd gezieret hat.

Das Elffte Capittel.

Von allerley Metals farben / sonderlich das höchste Metall / das klare Gold betreffend.

DJeses ist eine Summa aller Ertz farben / figur vnd gestalten / wie die nach Himlischer wirckung teglich in den vnterwercken / der Edelesten stete / der Metallen Ertz mutter / kleidende /

de/ eingeführet vnd vorgebildet werden/ nach deme heruor leuchtet das ewige Liecht / der klaren wahren Sonnen/ die heilige Gottheit / der Tag der freuden / vnd das aller ewige bestendigeste / reine vnd schönste Gold / besonder am meisten simbel vnd gelb / rot / lauter / vnd gediegen / mit seiner bestendigen schönen Citrin farben / des Himmels ewigen Erleuchters / des belustigten herrlichen Paradeises aller Sternen/ nach dem natürlichen geschaffenen Liechte / aller Creaturen Leben / der wircklichen Sonnen der Gerechtigkeit/ i einem reinen Engelischen Kleide des Qwartzs / Jaspiesierende / mit einem ntem Fewer vmbgeben / nach wirckcher mannigfaltigkeit / in die höchste Metall der Einigkeit/ das erste vnnd ste / ausgegradieret in vollkommenheit / der aller schönesten Morgenue Orientalischer Erden/ mit der subsseu dichte/vnd der besten vorbindung schlossen/ zu allen andern waisen Mellen / vnd dingen/ sagende/ Ich Gold

oder

oder Sonne / bin ein Herr aller Herren ein König aller Könige / ein Fürst alls Fürsten / dann mit krafft / macht / vn volkommenheit vbertrieff ich alle / dero wegen die andern in meinen Gebiedern der Vnterwercken / Ich verbinde sie vnd werde von keinem bezwungen noc gefangen / sondern alle sind sie mit vn terworffen / dann mein Königreich ist mi vnmessiger vnd vnüberwindliche mach vnd ehre bestetiget / durch mich werde alle Metallen / Mineralien / Animalie vnd Vegitabilien / Kreuter vnd Bäu me / zuuor aus die Menschen gerechtferti get / dann ich gebe einem jglichen nac seinem wünschen.

Von mir herab fliessen / wie nac den vier Edelesten Heuptfliessen / Phiso Gyhon / die edelsten substantz Mercur vnd Sulphuris / auff meinen Mineral Antimonium vn Marcasiten / dem nac Tygris vnd Euphrat / der herrlichste Saltz vnd Victriolischen / welche dur alle Gebirge / vber sich in allen Gesie der Mineralien drungen / vnd fruchtba

lii

ich fliessen/ Jch gradire vnd erhöhe allein das Silber / die Luna den Mon-
en geb ich licht vnd schein/ mit aller ge-
echtigkeit/ vnd ich liebe sie von Hertzen/
on meiner Tugend sagen alle Magi /
Naturkündiger / vnd Schrifftweisen /
durch die Welt von auffgang bis zum
Nidergang / vnd ich bin der HErr vber
le Himlischen klarificirten Kleidungen
vnd farben/ Jch ziere das Firmament /
as Wetter/ den Regenbogen kleide ich
ach Gottes meines HErrn wille/ Jch
errsche vnd erhöhe alle Edlen Gestein
er gantzen Erden / all jhrer gewechs /
reaturen/ vnd was ich innerlich nicht
an durchwandeln noch erlangen mit
meinem lauffe/ theile ich solches zuvöll-
ingen in lichten schein der Natur/ meier Freundin vnd Liebhaberin der Lunæ/
e empfehet alleine von mir den besten
eil/ vnd der subtilesten am liebsten/ eine
berschuß / wie solches beweiset India /
Vngaria vnd Corintia / dann alles
as lebet / vnd das leben vberkommen
/ das erfrewet sich mein / vnd negst

 Gott/

Gott / keines andern / dann sein ist di ehre vnd herrrligkeit ewig gesetzet / vn demnach finde ich keinen höhern Stu darauff Ich meine Tugend alle setze könte / Aber ich vor mein Person ruh nicht / vnnd begere auch nicht Ruh zu finden / Sondern verrichte vnd thu gentzlichen gerne / dar zu mich der Schöpf fer aller dinge geordenet vñ beruffen hat Darumb / das ich auch meine geschmei digkeit so herrlich finden / wie in einen geschmeidigen Wachs der Gesteine / di doch vorherte / Fewers genug geben kön nen / wann es jhnen noth thut / Ich vrsa che den weissen Zincken vnd roten Berg schweffel / dem höchsten Circkel / vnd Blick des Magneten / vnd alle Centra erhöhe ich vnmaculirt / zum aller gewi sten / an meinen Wunderwercken ge bricht nichts / ist auch nichts daran zu uerbessern / an meinem vbertrefflichen lichtschein / Natur vnd wesen / vnd di vmbkreiß der Erden / nimpt mir nichts: dann wie ich mich finden lasse / ste het auff meinem Bergwercke vorzeich it geschrieben / doch ist die Schrifft unnötig mich zuergründen / weil ich Gott wol imaginiren kan / vnd meine Caracter vnd malzeichen / durch ein glaß erkenne / da die groben Leute Brillen gebrauchen / die mir gehaß vnd feher sind / dann ich bin verwahret mit den sterckesten Thieren vnd Lewen auff Erden / offenbar den verklerten verborgen / den vorkehrten vnd Vnmündigen / vbergeistet durch meine Weißheit nennet man mich Pellican vnd Fœlix / denn ich vernewe mit meiner Blutroten Röte meine Jungen / wie dann das Blut Christi / der gantzen Welt Sünde abgewaschen.

Darumb nennen sie mich ihren Vater / das ich ihnen durch Göttlicher mildigkeit Nahrung erwecke / von dem Baum des Lebens / von welches Früchten ich täglich mit meiner inbrünstigen vberscheinung Krafft an mich ziehe / wie ein ander truckenes die feuchte / vnnd wie andere Fewer

die früchte mürb kochen/ also mache ic
weich das Hartz vnd Wachs / vnd e
herte den weichen Leimen/vnd das feuch
te Erdreich auff ein mal / das kan m
der andern keines nachthun/weil ich ab
mitten in des Himmels Centro / vn
vnter der Ordnung der Metallen / de
obriesten Grades bien/so theile ich mein
Aurora der Morgenröte/gewülcken
mildiglichen dem Kupffer zu / das in e
nem braun vnd schwartzen Schieffer/ge
diegen vnd körnicht weiß / auch rot ge
gefunden wird/zuuoraus aber den Re
güldigen Silber ertz / durch das mittel
meines roten Quecksilbers vnd Berg
schweffels / die ich nach meinem Lau
verwandele / welche Gebirge ich zu thei
le/darnach werden sie geferbet/weißgol
dig / glantzig / schillericht / Kupfferig
Kupffglasig/vnd sonderlich das reichst
ist Owertzen/mit den farben des Regen
bogens / im Kupffer vnd Silber / dar
nach sich die Gebirge richten / dann das
Kupffer hat einen zwyfachen Geist / dar
es vber sich Eisen / vnd vnter sich de
Lun

lung auch vorwand ist / daher Gott Moyse seinem Volck zugehorsamen/einen Erhne Schlange / nach meiner farb/ höhen ließ in der Wüsten / vnter dem Berge Sinai.

Sonsten gebe ich gewönlich allen Bergwercken vnd Gengen einerley Kiesvnd Marcasiten/mancherley wirckungen / wie einerley wein auff Erden / von mancherley farben / vnd geschmacken/ nach solcher wunderbarlichen Natur/einer zwiefachen Magnetischen wirckunge/gebe ich dem Queckſilber vnd rotgültigen Silber ertz/ viel heimlicher tugenden vnd kreffte / die jhre röte wider austeilen/nach dem sich die Gebirge in sie / vnd zu jnen erstrecken/ dann sie haben die Jungfrawschafft/vnd jhre Lampen voll Öle/darumb wird das vnterste volkömlichste liecht der klarheit / oder nach dem Metall des Monden/nach mir bekleidet/ das Silber/so durchsichtig wird/als ein Edelgestein / oder Rubin vnd Perlin Mutter/des Hörnsilbers / das ich herte/ wie ein Wachs / vnd schwertze wie ein

 Bley/

Bley / als Glaßertz / vnd mach seine nahrung so richt vnd stete / wie ein Harnisch / vnd lege auch den zänichten / härichten Silber einen Pantzer an / das es kraußpündig / wie die Wolle der jungen Lemmer / das alles nach dem Pellicano / von einem Liechte her gezieret sein / mit seinen lieblichen durchwachsenen Bergarten / eines kurtzern leichtfärigern Grads / dauon es flitzschen weiß tropffen / vnd körnichter weiß auch sonsten von mancherley gemengten farben erscheinet / nach dem Victriolischen / vnd durchscheinenden Säfften / so nach meiner art / zur bequemlicher zeit / jhrer Gebirge / durchdringen / dauon werden sie lustreich vnd lieblicher schöner gestalt aufferzogen / abgeetzet grün / wie ein Sigillwachs / grün / wie ein Gentz-kot / grün ausbeschlagen / wie wie ein schimlicht durchglassen Marckbein / schwartz wie eingepreſt Büchsenpuluer / auch in einer geferbten Bleyfarb / blettig in Klüfften / mit gelb vnd Eisenschuß / oder Qwartzen vnd Hornstein

rein / durchgreisende gewechsen / bißweilen rein außgesotten vnd gekobelt /
nd etlicher Wießmuth arten gepöckelt/
der in Kupffergleßigen Speissen / ge-
öhret / vnd in mancherley Lätten / wie
in Mehl als in greusen / vnd seine be-
echen / vnd in Hornstein flössen / spät-
en vnd Qwertzen / rostig als ein Eisen
Erade / vnd schillericht als ein Was-
erkieß geferbet / dann ich bin ein an-
zünder Mercuriorum, vnd ein Vil-
rator der Salium / vnd ein Erlöser
der schwefelheiten / vnd das Silber
kompt nach meiner arten die Eua / aus
Adams Rieben / in dem irdischen vnser Paradeiß / mit an der vollkommenheit theilhafftiger / welches dann widerumb ein Es oder Electrum vrsachet /
daraus die weißgeharnischten Balirey
glentzen / mit beyhülffe des Wießmuts
entspringen auch die weißgüldigen
vnd kiesigen Silber / vnd die weissen Kupffer glesigen Ertze erfolgen /
von welchem vberfall wieder geur-
springet wird / der Herrführer des
 Eisens /

Eisens / dann vber sich nimpt er an / mit seinen rotlieblichen Geist / vnd vnter sich die rote braunlichte Erden jrrdigkeit / darumb wird es auch gedlegen gefunde / mit dem aller nützlichsten Magneten / der von mir das leben nimpt / vnnd wie ich geardet bin / das meine zusuchen / also su- chet er das seine / darumb so giebet es mancherley farben / Ertz vnd Eisenstein / gelb / braun / schwartzlicht / eisenfarb / durchscheinet / glaßköpffichte / kienstöckel / ausgebraden / gespiegelt / talchet / leber- farb / purpurfarb / vnnd auff flötzen / gen- gen vnd stöcken / von dem sich da wan- deln die Kiese in der gemeinheit / das sie alle Eisenrostig ausschlagen / wann sie Lufft bekomme mügen / das vrsachet die eisenschüssige witterung vnd wirckung / die ich jnen zutheile / also erhöhe ich auch das Bley / mit seinem bleyschweiffigen / grünen vnd weissen Blumen vnd blüet- ten / das es gediegen / weiß / durchsichtig vnd Cristallisch scheinet / wie ein Por- ras / die Schweffel vnd Spießglasiger Ertz / nach meinen flichtigen stralen vn-

schei

scheinschatten / wie auch die Zwitter in irer lichten / tunckel / auspollirten farbe / mancherley art vnd farben / schwartz / graw / gelb / weiß vnd braun / purpurfarb / der leberfarb herfür kommen / aus solcher meiner eigenen zwitrechtigen wirckung kommet der vnterscheid der Bleyschweissigen Wießmuth arten / einer grün vnd bleyfarb / zum Wießmuth metall / einer genßkötig / grün vnd weiß der Silber Bergarten / die auch offt vnterweilen Wießmuth Metallen / geben aber gleichweiß / wie der schein auff meinem Gewülcke.

Also mag das Spießglaß Ertz in einen zweitheiligen Sand / mit dem klaresten Schieffer gestein / vermischt durch mich vorsehen werde / schwartz bleyscheinender Spiessig / subtil vnd gröber Natur / mit vielem Silber vnd Kupffer anhenig / das es die Natur nicht höher bringe kan / vnuorwandelt mit einem flichtigen Ertz / dem Quecksilber gleich / vnd Arsenick nach dem rauch gewircket. Das Schweffel ertz bricht auch gediegen / vnd

am meisten in kiesigen Gengen ganckhafftig / bey allen Metallen vnd Mineralien gemannigfaltiget / von meiner Marcasitischen Natur / wie man
jhn haben wil / vnd bedarff rot / weiß /
gelb / durchsichtig / tunckel / der da vrsachet / das Bergwachs die Steinko-
len / vnd enzündet sich gerne bey Victriol vnd Allaun Ertz / den Vietriol
befordere ich nach absteigen vnter sich
Kupffer grünen Speise / denn gar hoch
roten Spiritum, daher in seiner laxati-
uischen Reinigung / des Aqua satur-
nia, der Sawerbrun / könnet die auch
in jhre sondere grün / vnd durchsichtigen
Gewechs vnterscheiden / seind brüchig /
kiesig / schimlicht / wie ein ausgeschla-
gen Saluiter / auch gediegen tröpffen
weiß / vnd Zappicht geschlossen / wie
auch das Allaunen Ertz etlicher örten
gar rein / weiß vnd gediegen / wie ein
geleuterter Zucker gefunden wird / in einem milt blawen Schiefferwerck / ist ein
feuerliches sehr annemliches nützliches
Minerall allen farben / die Saltz ertz aber

seind

eind die aller weitesten von den Metal-
n abgeschieden / die durch meine At-
actiuischen wechsel / auff flötzen / gen-
en vnd stöcken befunden werden. Wel-
hes vieler ört die Wasser mit am Ta-
e führen / das es offt rein gesaltzen /
nd dürret auff dem Grase / auff Er-
en / vnd wird auch gefunden / von ge-
piegelten lichten Flammen / als in
rosser Kelte / dem Schne flammen
heust auff einen Spaden spiegelten
echten Gestein / grob / vnd Stuffen-
veiß / wie in solchen gewircket erfun-
en / dann man dieselbigen Stuf-
en / vor das Viehe / daran zu lecken
aufft vnd leget / also ist es auch mit
llen andern Edelgesteinen / eine Ord-
ung / nach meinem erleuchten Him-
lschen Gestein / in die wirckung Wirde
vnnd Tugend / derselben ausgethei-
et / vnnd aller bestendigest durchsich-
ig vorklerct / mit einem ewigweh-
enden Geist begabet / von mancher
Farben vnterscheiden / als Demanden /
Schmaracken / Carfunckel / Souier /
Rubin /

Rubin/Cristall/Calcedonien/Jaspis/Crisoliten/Crysopasten/Onicher/Carniolln/Türckes/Lasurstein/Margariten/Corallen/terra lempina/Terpentien stein vnd Granaten/von hoch vnd nidrigen farben/ein jedes in seine Himlische farb vnd Ordnung durchleuchtig ist/abgesetzet/vnd natürlicher weise in seiner Bergstad erschaffen vnd erhalten/daraus endlichen zu schliessen/vnd wol zu befinden/das solche neben allen andern herrlichen früchten auff Erden/den Menschen zum besten/an Leib vnd Geist dienen sollen. Wie mir an meiner durchleuchtigen macht nichts verborgen/vnd alles von meinem glantz vberschattet wird/Vnd zur zeitigung gewachsen/damit nicht eine Creatur vnter allen möchte wircken/warumb so viel vnterschiedligkeiten seind/do es durch eine möchte regieret vnd geordnet werden. So ist solches dem HErrn aller Creaturen Schöpffer/allein zu ergründen/dan ich nicht bin allein das Gold/die kegenwertige Sonne/sondern auch alle kreffte de

I der vnter irrdischen geister / der Arche-
s Ertz / vnd Orizon ist mir vnter-
vorffen.

Das Zwölffte Capittel.

Von vergleichung Got-
tes heilwertigen Worts / mit
den Bergarten.

Gleich wie die Himlische Ewige
Herrligkeit Gottes / geistlicher
weise in seinen allerliebsten Son /
vsern HErren / vnd eingebornen Hey-
nd Jesu Christi / mit seiner erlösung /
Menschlichem Geschlechte zu gute / die
Sonne der Gerechtigkeit vns auffgan-
n vnd erschienen ist / welches Herrlig-
it der Prophet Esaias / wegen des vhles
Barmhertzigkeit / im Geist des HEr-
vor langen Jahren zuvorgesehen
d geweissaget / wie zwene Cherubin /
d Seraphin / mit sechs Flügeln / vor
m Angesichte Gottes geschwebet / vnd
ungen / Heilig ist Gott der HErr Ze-
baoth /

baoth / Heiliger Son Gottes (Jhesus führet aus noch) H. Geist lehret vns seinen Rath / Seine ehr die gantze Welt erfüllet hat / welcher Prophete dem allerheiligesten HErrn ob allen Heiligen gesehen / vnd einen Gott in dreyfaltigen wesen erkennet / das aus dem edlen Boas Jhesu Christi / solte der Brun der Barmhertzigkeit fliessen / wie dann Gott hat widerfahrē lassen / am Stamme des Creutzes / da aus seines liebsten Sohnes Seiten / Blut vnnd Wasser gerunnen / zu welchen der heilige Johannes in seiner Offenbarung Fewer vnd Rauchdampff setzet / solche verbindung ist im göttlichen Wort / von anfanck bey allen Creaturen gewachsen / vnd was Gott die heilige Dreyfaltigkeit seines beschaffen / das bestehet auch in seinem Trinitirten wesen / wie Gott in ewiger Dreyfaltigkeit / als wie die Gottheit vnzertrenlich ist / so der Menschheit Alpha & ω, in Wasser vnd Blut / zu einem ewigen gedechtniß / das ist der erste vnd letzte Buchstaben

laben / wie in Himlischen also auch in
dischen / kan die erfüllung des Al-
habets nicht zertrennet werden. Bis
lles erfüllet / von anfanck bis zum en-
e / vnd der HErr Christus reiniget
och imm ewigen Leben / alle seine ge-
rbten Freunde / durch das Wasser vnd
Blut / wie dann sein Sprichwört auff
erden gewesen / nach des Propheten
Weissagung Esaie am 35. Capittel /
Gott wird selbst kommen / vnd sie ge-
und machen / also saget der HERR
Christus auch / sey gereinigt / durch
as Wasser vnd Blut / die sind alle
eine Sünde vergeben / dein Glauben
st dir geholffen / Niemand wird se-
ig / er werde dann new geboren / das
durch das Wasser vnd Blut / wel-
hes nicht alleine die Creaturen der
Menschen / sondern den gantzen Lym-
us / auff Erden durchdringet / dann es
ist ein metallisch Blut vnd Wasser / so
auch in keinem wege Quecksilber vnd
ten Schweffel / würde auch in Leich-
am / vnd vnter dem hertzē des Erdreichs

kein

kein güldig Silber zum Blutroten Erz gewircket/weil dann solches vor augen/ das bezeuget die Natur des Wassers/ vnd das Blut aus der Seiten Christi/ den Menschen zum bestẽ vergossen/ auch die schönsten Creaturen/ von roten Queckstlber/vnd rotgüldigen Silber et zen gewircket/wie aus dem Alphabet vn Bücher/vnd durch Götliche versehung in den Völckern so mancherley Sp. chen in einem vorstand gebracht werden können.

Also können auch alle Ertz gestein das ist ein simpel Element der Erden vnd alle gestein Geist aus einem Götli chen wesen/ vnd wie auch die Himlische Geister der Throne Gottes mit Himli schẽ Engeln Gestirn vnd Geistern zum lobe Gottes erfüllet sein/ also ist die Er den mit Irrdischen Gesteinen/Adern v Gengen/zum lobe Gottes/vnd zur wol fart der Menschen / die der Weißh Gottes nachgehen / voller vnendlichen vnaufhörenden früchten erfüllet vnd g schaffen/ woher müste dann der abgan

Di

der Bergwercke/kommen anders nicht/ dann da den lieben Aposteln vnd Jüngern/die Augen gehalten würden / das sie den HErrn in seinem klarificirten Leibe/vnd geistlichen wesen nicht kenneten / also kennen sie das auch nicht. Woher kompt dann der heilige Johannes / in seiner offenbarung / mit rauch vnd dampff / er wird je nicht das Fewer vnd den rauch in den Backoffen gemeinet haben / Sondern es es ist jme geöffnet werden/ das Himlische Fewer / vnd der Näbel vnd Rauchdampff / so von der feuchtigkeit der Erden / sich in das Gewülcke erhebet/ wie dann in den vnter werecken / sich der Rauch vnd schwaden von den Ertzen / vnd das Fewer der Kelen / dauon die wircklichen kreffte / dünste vnd Geister aufferwecket werden/ das sie mögen zu einer vollkommenen voreinigung kommen / ist nun nicht die Erde in Fewer vnd Rauchdampff/so müssen da andere Naturen/ auch fruchtbarlich dauon gekocht werden. Sonsten were kein Metall nicht in der Erden / wie das fewrige Element in klüfften/ vnnd der Himmel mit Wolcken bedecket wer-den/ erfüllete vnd die Erden/ sampt dem Fewer ein einträchtiges Element ist/ mit andern zweyen vmbgeben worden/ glei-cher weise ist in der ersten Schöpffung/ die Erde in jhren Gengen vnd Adern/ mit Ertz erfüllet/ wie die Obsbeum voller früchte/ die jhme Gott der HErr im Paradeiß gepflantzet hat/ welcher wirckliche Fewer vnnd Rauchdampff den Quecksilber vnd Schweffel salt/ vnd Wasser des Meeres verglichen/ darinnen die Erden beschlossen/ wo der obrister Thron/ vnd Gottes Seul von den andern Thronen/ vnd Him-lischen Wohnungen vmbgeben ist/ wo nun die vier Euangelisten des newen Bundes vnd Testament zeugen sind/ also sind sie den vier Elementen ein vorbild/ vnnd gewiß zeugniß oder Te-stament/ das die Erden nach dem hei-ligen Himmel geschaffen sey/ vnd al-so lernet vns das Vater vnser beten/ wie im Himmel/ also auch auff Er-den

en / vnd darinnen oder darunter Gott
llenthalben ist Res geste. wie der hei-
ge David / sich vor jhme nicht vorkri-
en möchte / Weil nun auch der hei-
ge vnd gebenedeite Gott in vier glei-
e Qualiteten der Element / seiner hoch
blichen Geschöpffe / mit dem seheligen
en seines Sohnes Blut / im Hertzen
es Erdreichs / die Metalls gengen / so
och alterire vnd verkleret / wie er denn
uch ohne zweiffel / alle sehende Berg-
ute / die jhre Augen auff jhn halten
nd wenden / nach diesem vollen Jah-
/ in welchem die Erden inwendig am
ertz keinen mangel vnd gebrechen ha-
en / noch erleiden kan. So ewig be-
endig / durch das Blut Christi clarifi-
eren / vnd jhme zu ewigen ehren Ge-
ssen / reingescheiden wird / Wie das
le Gold in seiner Herrligkeit / vnd ge-
erten Röte erscheinen / zumal / wann
aus Quatieck kompt / vnnd wie es
rch in ein Oleum kan gebracht wer-
en / das es den Menschen vber alle Bal-
mierung / in langer gesundheit stercket /

vnd erhelt / wer es dahin bescheidentlich vnd gewißlich in seiner süssigkeit bringen kan. Das es ein recht Vegetabe zu trincken / wird also viel mehr vnd besser werden wir in jenen leben / dem alle heiligsten / in ewiger ehre vnd herrligkei einer vor den andern dienen könnē / nac der Ordnung Melchisedech, Alph & ω, von anfanck zu ende / Da aber ke anfanck noch ende mehr gespüret wird als wie an dem ersten vnd letzten / dei Vater mit seinem geliebten Sohn im Wasser vnd Blut / Allmechtig / vn ewiger geistlicher weise / in dem wahre Mitler / hochgeliebet worden / Welche aller ersten Bundzeichen / Gott mit liel lichen farben / an den Regenbogen / be zeuget / dem lieben Nohe / vnd allen se nen Nachkömlingen / die noch in der A cha auff m Wasser vñ Land / vnd inwen dig der Erden / schwebē / vnd ein zeitlan mit den edlē Creaturen vmbzugehen ha ben. Dann er wil gnedig erscheinen / w die farben / nach der güldigkeit der liebē Sonnen anzeigen / vnd auch in der drey

faltig

ltigkeit lieblich gerichtet / seind vnter
m vollkomlichen Firmament der ge-
ülcken / Darauff der HErr Christus
r ewige Messias wieder kommen wil.
)a dergleichen von diesem König Mes-
as alle Faulentzer vnd Spötter dahin
weichen müssen / wie die Minerali-
a vnd Schlacken von dem Ertzen der
Metallen abgeschieden. Vnd obs wol
in möchte / das aus dem Golde / eine be-
ndere Ertzney für mänlich geschlecht /
nd aus dem Silber für Weiblich Ge-
hlecht / weil der Mensch auch aus den
sten Erdenkloß / des mehr Leimbs oder
rra lempina / wie die gelerten Magi
ollen sagen vnd zeugen / von Gott dem
llmechtigen geschaffen ist / vnd wie
ach die gantze Erden / noch ein Kloß ist /
raus entspringet eine merckliche Ar-
ency / mehr denn alle Doctores Me-
dicinæ vermögen / könde darbereitet
nd zugerichtet werden / darinne ein sehr
höner geruch / als aus den zweyen
achtern vnterschieden stehet / vnd da sein
üssen. Wann sie Gott auff seinen

Altar zum Opffer/ nach seinem willen/ durch der Menschen geschickligkeit/ oder durch einen Spagireum lest ausleschē/ Dann sonsten fast alle Medici / wann sie an allen dingen verzagen / vnd jhnen keine confecta Sirup Kreuter vnd Krencke wollen erstatten / zu dem Metall lauffen / die man doch anfencklich zu mancherley Salbung gebraucht hat. Vnd jhrer erfahrung verhanden liegen / Welches ich den Bergleuten zu ehren gedencke/ dann man nicht allein auß Gold vnnd Silber Gülden schlecht, Kleinodia geust vnd schmiedet/ Sondern sie dienen auch wol den Menschen zu andern sachen/ vnd also ist nach dem aller Edelesten Metall des Goldes/ vnd Schatz Gottes/ deme er den Menschen mittheilet / vnter allen Creaturen die höchste bestendige Weisheit im Silber / wie dann in dergleichen offtmals eine Röte verborgen ligt / vnd jhr anfanck ist darinne nicht gesucht noch gefunden. Ob wol alles dem Menschlichen Geschlechte vberflüssig vnd vnterthent heilig genugsam gemacht / vnd von Gott ist vorsehen worden / Aber der HErr Christus preiset darumb in Geistlichen / wie in den Weltlichen / seinen Himlischen Vatern / das es jhme so wolgefellig sey, das er solche Geheimniß den Weisen/Verstendigen vnd Klugen dieser Welt verbirget / vnnd den Vnmündigen offenbaret / also gehet es noch in der erkentniß dieser herrlichen Gaben in Bergwercken zu / das die Klugesten weder thrumb noch ende wissen / Gott aber vnd die Nature erzeugets / das er dem getrewen sein Göttlich erkentniß der gnaden wil auffschliessen / gönnen vnd gerne mittheilen / vnd also ist der liebe Moyses aus Göttlichem willen / mit seiner Ehrnen Schlangen / die ein Vorbild gewesen / auff dem künfftigen gebenedeiten Weibes Samen / auff den Jmmanuel / dem wahren Messiæ / welcher Ehrner Zeug / aus Kupffer vnnd Galmey gefallen / vnnd das Kupffer / in die güldene Farbe / aus seiner roten Rubinfarb bringen/daher die Bergleute alle ein vorbild haben/das sie alle zuuor müssen vmbgegossen werden. Vnd in einem andern wahn/vnd erkentniß kommen/wolten sie anders vergüldene vnd herrliche Fundgrübner werden/so müssen sie jhr alt Ditum fallen lassen/das sie vorgeben/Wers glück hat/der führet die Braut heim.

Ja Salomon weiset vns anders/das wir das glück sollen von Gott bitten vnd suchen/Dann es ligt eine grosse Artzney vnd hülffe/vor die Vngleubigen Vorrechter in den ehrnen Zeug ertrücknet/vnd reiniget/wann einen Spötter die Schlangen der Sünden beissen/denen wird/mit der Kupfferblümichter Schlangen art geholffen/So nun der ewige Gott vnnd Vater in Himmel/durch seinen geliebten Son/vnd heiligen Geist/von vns erstlich fordert vnd haben will/Das wir zu seinem lob vnd ehren/vns dienstlichen vnd gehorsamen erzeigen/wie sonsten alle Creaturen jm dienen müssen. Vnd also zur erkentnis

Go

Gottes gebrauchen lassen / vnd die aller erst suchen vnd finden / das wir seine güte vnd grossen Wunder spüren können / jhme darumb schüldig sein zu ehren / zu heiligen / vnd anzuruffen / vnd reiche Ertz von jme zu erbitten / das er vns solcher nach seinem willen theilhafftig mache / welcher gestalt / wolten wir anders vnser teglich Brod vberkommen / wo er nicht durch seine verordneten mittel / das Eisen zum Pflug / vnd andern nothwenigen dingen het vorsorge getragen / wo mit wolten alle dinge gewonnen vnd bezwungen werden. Dann das Eisen vns allen zum besten / mehr ausgerichtet vnd erschossen befunde / vor andern Metallen / das es am Stam des Creutzes den heiligen vnd aller vnschüldigē HErren Himmels vnd der Erden / mit Negeln angeheffeet / vnd den Brun seiner Barmhertzigkeit / an seiner seiten eröffnet / darinnen der Seelen Speiß vnnd höchste Artzeney ist / als man nach seinem befehl jmmer erlangen mag / so ist das Eisen in vielen vnzehlichen mitteln zugebrauchen/ nicht allein zu Waffen/ kegen dem Feinde/ Sondern aus seinen vorbrenden Blumen vnd Seluern/ wird auch gesunde Artzney gemacht wider den Wolff vnd faule Bein/ die vnachtsame Bergleute/ nicht gerne auff die Gebirge zu schürffen tragen.

Wie nun der heilige Geist im Vater vnd Sohn weiß/ vnd rein in einer Tauben gestalt/ in der Tauff Johannis vber Christum schwebet/ mit einer Stimme vom Himmel/ Dis ist mein geliebter Sohn/ an welchem ich ein wolgefallen habe/ den sollet jhr hören.

Also ist auch der gnedige Gott/ mit dem Metall in diesen Bergen erschienen/ das solche der Mensch in vielen dingen zugebrauchen/ sonderlich zur notturfft des täglichen Brots/ essen vnd trincken darinne auffzutragen/ dann es wird kein Metall so fleissig/ so offt ins Wasser getauchet vnd gewasschen/ als Zinn. Welches vor andern Metallen wilte an seiner Engelischen schneeweis-

sen

ften Silberfarb erscheinet / vnd im Fewer leicht flüssiger vnmaculirt geflossen wird / Aber es werden auch viel Bleysecke daraus gegossen / wie vnter den Bergleuten böse Arbeiter / aber doch ist es in seiner reinigkeit eine herrliche Artzeney wider den Aussatz.

Demnach auch der Allmechtige / dreyfaltig in einem wesen / ein wahrer Gott / alles in allen ist / vnd in obersten Throne / vber alle Chor der Engel sitzet / vnd seine Wunder Creaturen ansicht / das sie alle gut seind / Wasser erdenet / vnd beschaffen hat / vnd mehr auff die Prob setzet / dann wir gedencken können / also hat er auch das Bley andern Metallen zu gute / zum öbersten Probierer gesetzet / sonsten würde wenig Gold vnnd Silber zu recht gebracht / Sonderlich in gemeinen Ertzen / denn es vmb seinen schweren geschmeidigen flüssigkeit wegen / zu vielen Handwercken vmbgegossen wird / vnd aus seiner Anima leichtlich Porratz vnnd Mercurium gezogen /

damit

damit die Goldschmiede etzen vnd löhten können / ohne das es nicht weniger im mahlen / vnd zu herrlichen Augen salben sehr dienstlich ist, wo solche in Notschlege vnd ander widerwertigkeit fallen.

Dergleichen wil auch die höchste Dreyfaltigkeit im Geist vnd Warheit / mit vnbefleckten hellen Augen angesehen vnd gebeten werden / der aller Menschen Hertz / sinn vnd gedancken / erkennet / also prüffet / vnd durchdringet / wie das Bley in Dürlin vnd Werckscheiben / zum Säigeroffen / der da auch alle zerbrechliche dinge widerumb erwecket vnd lebendig machet / wie wir die verbrenden Kinstöcke wider auff dem Gaarherd in mancherley Kupffer machen / vnd wie er minder vnd sinner / Jar vnd Tag in guter fruchtbarer Ordnung erhelt / mit vberflüssigen Segen / reichlich die Welt vnd alle Creaturen vberschüttet / alle Bewme / Kreuter vnd Blumen im Graß schmücket / das sie wol gezieret, vnser notturfft herfür bringen / also verleihet Gott den Vnterwercken der inwendigen Erden /

den/auch ordentliche vberflüssige wirckung/ mit zeit/ ziel vnd massen/ vieler manchfeltigen ding/ gleicher wachsung/ sonderlich in den sieben Metallen gebirgen/ vnd jhren Ertzen/ dann so lange die Welt gestanden/ ist noch nicht der dritte theil herfür kommen/ aus mangel wolerfahrner getrewer Arbeiter/ die sich auff jhre sadtsame früchte vnd Ernde wol verstehen/ denn Schaffpinnen vnd Bergwercke/ wollen getrewe Vorsteher haben.

Vnd also ist das Queckfilber ein wunderbarliches/ ausrichtsames/ lebendiges Metall/ was man in andern Metallen/ nicht weiß aus vnd fort zubringe/ in die vermehrung oder ausbreitung/ das verrichtet man mit jhme/ das vbertrifft vnd vberwirckt sich/ vnd spiegelt sich in die Metall hinein wie ein Affe/ es ieret/ schmücket vnd bildet alle farben/ vertreibt das vngezieffer/ Wassersucht/ Reiß vnd Frantzosen/ mit allen Krätzen/ vnd ist annemlichen dem Golde/ seine weil im vergüldenen auszubreiten/ vnd

alle

alle Metall durchdringet mit seinem wesen in der Artzeney wol berümpt/ darumb es gehorsam / thut mit bösen böß / mit guten gut / vnnd seine wichtige Tugenden / in leben vnd tod sind nicht aus zu breiten / solcher gestalt ist auch eine grosse reinigung im Spießglaß/schweffel/Saltz/Victriol vnd Allaun/ die der Metallen Speise sind / wie das Himmel Brot / den Juden in der Wüsten / aber wie sie denen Metallen leicht entzogen vnd genommen werden / Also ist es auch mit jhnen dermassen ergangen/das Himmelbrot haben die Heide vnd Christe empfangen/mit sampt den Bergwercken vnd Konigreichen / vnd sind auff die Hall gesetzt/vnd beten noch das Kalb an.

Das Dreyzehende Cap.

Von Wießmuth/Spießglaß/Schweffel/Saltz/ Salpeter/ Talch vnd glaßmachen.

Den

DEn Weißmuth wird in seinen eigenen Berggestein gewircket/nicht gar entbunden der anstossenden Silber oder Zinn Gestein/von einem vnvolkommenen reinen Quecksilber/mit ein Zinn saltz/vnd des fliessigesten Silber schweffels/von einem vnvermischlichen brüchigen Erde/eines theils von einem rohen flüchtigen Schweffel/eines theils von einem vormischlichen dür getruckneten Schweffel/nach deme in seiner empfengniß eine Winter vberkompt/darnach wird er ein Panckart/vnd sprüden brüchigen Nature/vereiniget sich gerne mit Mercurio/vnd wird auff zweyerley form natürlich gewircket/einer ist flüssig vnd Metallisch/das man jhn auff der hallen/mit dürrem Holtz/auff einen Leim geschlagen/schmeltzet/welcher viel weisen Arsenicum giebet.

Der ander aber ist klein speissiger/bleibet eine vnzeitige Substantz/vnd giebet auch einen bestendigen

Har-

Harnisch vñ Schweffel/ an stat des Arsenicks/ seind aber beides Silber/ Wißmuth/ mit dem erstē kan man leicht Silber vermehren/ mit dem andern kan man leicht zur anweisung kommen/ dann es gerne natürlich bey jhme gewircket wird. Der metallische Wißmuth/ der schmeidigen Zinn farbe/ ist aus scheiniger weisse/ im schmeltzen leicht flössig/ im erkalten vnd bestehen brüchig/ dann er kan grosse schlege nicht vertragen/ er giebt in seinem Ertz leibfarben Wißmuth blumen/ oder zeitig stinckender ist von grünen Genßkötigen Blumen/ aber der geschmeidig ist/ wird in vielen dingen erhöhet/ auff Silberfarb gebraucht/ vnd Conterfein genant/ gleich wie man das Kupffer mit Galmey vnd Ducio rot gemacht/ vnd zu Sinofein erhöhet/ das es dem Gold ehnlicher als dem Messing ist/ sie brechen aber beyde in Wasserblawen Schieffern/ bisweilē auch in Sand hinaus/ oder in Silber vnd Bleygesteinen/ der Wißmuth ist leichē zu schei den/ vnd zuvergleichung der klarificierunge.

ltige / wann Gott seine abgestorbenen
older mit schönen lieblichen leibfarben
erthum vnd kleiden wird/damit sie schö-
er gestalt vor seinem gerechten Vrtheil
schemen / oder gestellet werden. Aber
ie vnuollkommenen Wießmuth/ wer-
en abgesondert/wie die Böcke von den
Schaffen / vnd hinaus geworffen/denn
/ vngenützet sich hat lassen vor gut
Silber schätze/vnd einfeltige Leute thewr
enug bezahlet haben. Als wie eines
jeds Epicurische Sew / die von jederman wollen vor gehalten vnd angesehen
en/sonderlich/wann sie sich auffblasen/
vnd jhnen die Augen in Köpffe poltzen /
as sie mutig werden andere zuuerrach-
n. O wie wird Belial jhrer vnschuld
lachen/wann er jhnen ein mahl wird vor
rocuriren.

Das Spießglaß ist auch alles zi-
em vollkömlichen Quecksilber / weni-
ern Saltzes/vnd sehr wässerigen flüch-
ige Schwefel gewircket/ob es wol von
Natur schwartz stincket/ vnd spiessig ist/
as wendiger gestalt anzusehen/so hat es

 doch

doch dem Golde seine edle Farbe erhöhet / gereiniget / den Menschen in vielen
künstlichen arbeiden viel gutes gethan /
deshalben bleibet jhme / vnangesehen der
farb / sein gros sondermechtiges lob vnd
Tugend / dann der Meister kan es Cla-
rificirn des Goldes vnd Silbers Natur
vnd farben gleich machen / auch in Re-
medium vor viel Kranckheiten / aus seiner Blutroten Olitheten ziehē / vnd endlich auch zum schönen durchsichtigen
Glaß / dem aller nötigsten bereiten
darumb ist solches schwartze / verrauch-
te / vnzeitige Metall der herrlichen Ma-
iestat Gottes / die kein ansehen der Person zuvorgleichen / der da giebet / vnan-
sehenlichen Leuten / als hie die Tugend
dem armen Spießglaß / das da vor
weit hinden noch ausserhalb den Silbern
Metallen abgesondert / herfür trium pffirt
vnd in einen eigenen örtlin gewircket stehet.

Also auch im Tyroll vnd Tarna-
witz vnd Engedin / der rote Bergschwe-
fel / der da auch in einem schwartz blawen
Schief-

Schieffergestein bricht/vnd sonderliche stendige vnd vnuorsehrliche Tugenden hat/darinnen eine grosse reinigung rborgen/vnd mit seiner farb/den Zinober ertz/oder rotgüldigen Silber ertz aliget/dessen Röte herfür scheinet/wie e Tropffen/da vnser HErr Christus m öhlberg e blutigē schweiß geschwitzet.

Das Saltz hat auch seine sonderliche art zu durchdringen vnd vorfeulen/ uerhüten eine edle Seel in sich die nicht umb ist/vnd were offtmals hoch von öten/das sich etliche mit einsiltzen/vnd icht so nachlessig stinckent faul wehren/ ann sie die edlen Gaben/die liebē Bergwercke/mit schörffen suchen/Röschen/ öffnen vnd erbawen sollen/darzu jhm ann der Salpeter/an den schimlichten lten Wenden antrit/vnd Mauren ünstlich erscheusset/vnd zu Puluer bereitet wird/das der Schlacke zu boden llet/damit er offtmals gefelschet ist.

Der Talch ist ein gewachsener schwefel/leichtet vnuorbrenlich als Gold oder Silber schleust vnd beuget sich/ist darzu durchsichtig/ als ein Glaß/wird ge nennet Sulphur lotum/helt sich im F wer/gleich vnuorzerlich/wie Allaun pu mosum/helt in den Felsen vnd Stei werck/zu gradiren der Metallen viel zu geleget.

Das Glaß machen aber ist eine fe ne vnd lobwirdige Kunst zu dem schö sten vnd besten Künsten auff Erden zu gebrauchen/Sonderlich der Venedia schen zum Fenster vnd Trinckgleser/ manchetley Handfarben/wie man e erdencken mag/wird auch schön weis klar vnd durchsichtig/ohne Kleß vn Sandkörnlin gemacht/aber allein ze brechlich ist es/gleich vns armen Men schen auff Erden/ die auch zerbrechli sein/ können keine Carthaunen noc Schlangen ertragen/dargegen wie d Wasserblasen/ wann es einen grosse Platzregen thut/so blicken sie daher/ve gehen balde/ehe dann eine Blume ve cket/ also wann vns noth vnd widerwe tigkeit zufellet/vnd das letzte Stündle her rücket/das wir matt vnd hinfelli

zerbr

-brechen sollen / So sind es augen-
heinliche vorbildung / als wie wir ein
al wehren hie gewesen / Aber der All-
echtige Gott wird das weitzenkörnlin
iderumb am Jüngsten Tage aufferw-
ecken / wie geschrieben stehet / zu sei-
r ewigen Herrligkeit / welches auch
r fromme Job bekennet / vnd erfahren
st.

Der Meister aber so die Gleser ma-
et / giebet jedern einen sonderlichen
rm / vnd jeder form ein eigenen Namē /
emlich / er machet Taffelglaß / Trinck-
aß / Flaschē / Kürbsen / Kolben / Helmē /
Vorlagen / Pellican / Schalen / Wein-
leser / Essiggleser / Ciraculirgleser / stun-
mglesser / Apffelgleser / Trichter / vnd
och viel andere mehr / die formet er abe /
hlechts gefalten / gebogen / auffgebla-
n / vnd / klein / groß vnd lang / wie er
s haben wil / so blesset er sie auffs ge-
hwindeste / stauchs vnd schneidets / vnd
ann jme eines mißfelt / so wirfft ers wi-
er hinein in den Offen / vnd machet
achmals ein anders daraus / gleich wie

der Töpffer/wann jhme ein Kachel od. Topff von einander fehret / so wirfft er wieder zum hauffen.

Also thut auch der Allmechtig Gott / der öberste Baw vnd Werckmeister/ formiret die Menschen nach seinem Göttlichen Bilde / aus einem Erden kloß / ordenet daraus vnzallbare Völcker kommen/vieler Sprachen/giebet einen digniteten vnd herrligkeiten/ als Keysern/ Königen / Fürsten / Graffen Rittern/ Edelman/ Heuptman/ Amptman / vornemlich auch Christliche getrewe Seelsorger/vnd alle andere / vom höchsten grad bis zum nidrigsten/welch von der ewigen weißheit Gottes / in sonderlicher hoheit vnd Emptern begabet/nichts weniger gemeinen Bürgern Berg vnd Handwercksleuten/vnd Vnterthanen / niemand ausgeschlossen/ da mögen sie alle Jung vnd Alt / in diesen Irrdischen / von Gott wolgeordneten Lustgarten / mit hellen Augen Göttliches Lichtes/ersehen/ wie der erstlich gepflantzet/ gewartet / vnd zur fruchtbar

ke

le erbawet/auch mit einem guten Zaun/
Mauern Thor vnd Thürmen / so wol
ich feste Schlösser Göttliches vertra-
ens verwahret sein sol. Damit nicht
e wilden Thier (eines theils vngezeh-
e vnd vnerfahrne Bergkleute) vberstei-
n/ oder zur vnrechten Thür eingehen/
edlen früchte vnbillig entnemen / die
Stammen zerbrechen / vnd die Würtzel
usreissen/dadurch dann dieser Lustgar-
n / die lieben Bergwercke verödt / ver-
üstet / vnd darob vornemlich der ge-
chte Ertz Gertner / Gott der allerhei-
igste/ auch Weltliche Obrigkeit Herrn
nd Gewercken / zur vnbawlustigkeit
erursacht werden.

Vnd damit nun Gottseliger O-
igkeit/vnd alle andere Christliche ehr-
ebende Bergleute/durch die rechte Thür
n diesem Lustgarten kommen / so wird
ierzu der Schlüssel / welcher zur Rech-
n Gottes / nemlichen Christus / der e-
ige Mitler / in der H. Dreyfaltigkeit
efunden / der schleust nicht allein diesen
ustgarten/sondern auch Gottes gewelbe

vnd Schatzkammer auff / das also zu allen Thüren vnd Fenstern der Segen des allergewaltigstẽ Gottes vberflüssig gleich also ein Regent/vnd schneihet die se jrrdische früchte/ damit zu befeuchten, erfrischen/ erquicken / vnd zur früchtbar keit Gottes / vnd dem Menschlichen geschlechte zu guten erbawet/vnd mit Himlischen / ewigen / seligen Ausbeuten/ genießlich sein mögen. Das verleihe die ewige Dreyfaltigkeit/Gott Vater auch Sohn vnd heiliger Geist/Amen/ Amen. Hülff HErr Jhesu Christe/Amen.

Ende dieses Büchleins.

Rei

Register.

Gott zu lobe vnd ehrn dis gemacht /
Damit ehrliche Bergleute nicht veracht /
Dem Neidhart aber zu hohn vnd gricht /
Der mir dis Büchlein gönnet nicht.

Mu[n]

www.ingramcontent.com/pod-product-compliance
Lightning Source LLC
Chambersburg PA
CBHW021947220326
41599CB00012BA/1359

* 9 7 8 3 7 4 3 6 2 9 2 1 9 *